Health

from

Chinese

健康
中国茶

Tea

■王春玲　著

李颂　郝彬秀　周旭阳　参编

张帅（北京瑞设创想科技有限公司）　配图设计

化学工业出版社

·北京·

谚语有云：清晨一杯茶，饿死卖药家。饮茶有益健康，是当今文化界和科学界的普遍共识。中国茶叶品类丰富，依据加工和储藏方法的不同，有绿茶、黄茶、白茶、乌龙、红茶、黑茶、普洱、花茶、老茶之别。各品类茶保健功效多有不同，没有一种茶兼具所有保健功能，而每一种茶都有特定功效。

《健康中国茶》由原中国茶叶股份有限公司首席技术官、中粮营养健康研究院首席营养学家、留美营养学博士王春玲著。王博士是运用现代微生物学和医学原理创造的国内外首个具有明确健康功效的金花黑茶及通茶的缔造者。在这本述及茶文化和茶健康的科普作品里，王博士基于多年研究成果和心得，借助轻松诙谐的笔调，辅以或实或虚的插图，带你走进科学严谨又趣味盎然的中国茶王国：多彩中国茶（茶分类、加工制作、特征、健康成分），养生中国茶（饮茶自百草中来、饮茶与科学共发展、饮茶与慢病防控、饮茶与预防保健、饮茶与养生调理），品饮中国茶（水为茶之母、器为茶之父、冲泡有技能、健康冲泡十六式）。

茶源于中国，饮茶当前在我国备受追捧，国外也兴起浓浓的"工业茶"风。阅读此书，茶友可从中汲取丰富的文化大餐，养生一族可洞悉饮茶健康的科学原理，也能基于自身健康需求定制适合的饮茶方式，提升自身健康素养和水平。

图书在版编目（CIP）数据

健康中国茶 / 王春玲著 . -- 北京：化学工业出版社，2018.9
　ISBN 978-7-122-32887-8

　Ⅰ . ①健… Ⅱ . ①王… Ⅲ . ①茶文化 - 中国 Ⅳ .
① TS971.21

中国版本图书馆 CIP 数据核字（2018）第 194182 号

责任编辑：傅四周　郎红旗　　　　美术编辑：尹琳琳
责任校对：宋　夏　　　　　　　　装帧设计：芊晨文化

出版发行：化学工业出版社（北京市东城区青年湖南街 13 号　邮政编码 100011）
印　　装：北京新华印刷有限公司
787 mm×1092 mm　1/16　印张 $13\frac{1}{2}$　字数 188 千字　2018 年 11 月北京第 1 版第 1 次印刷

购书咨询：010-64518888　　　　　　售后服务：010-64518899
网　　址：http://www.cip.com.cn
凡购买本书，如有缺损质量问题，本社销售中心负责调换。

定　　价：88.00 元

「序」

中国茶产品多姿多彩，中国茶文化博大精深。新世纪以来，中国茶产业、茶消费、茶科技蓬勃发展，饮茶已深深融入中国人生活。对消费者来说，非常需要用通俗、科学的语言来解读中国茶，方便读懂中国茶的分类、功能和饮茶方法。王春玲博士的这本书，从日常生活中的便捷消费来描述茶，从消费者健康需求的角度来阐述茶，全面介绍了中国茶的品类、加工制作和品质特征，阐述了茶叶的保健功能，尤其是不同品类茶叶的各自功能，简述了不同品类茶叶的科学饮茶方式，是一本用现代生命科学来系统阐述古老中国茶对人的健康功效的书。这本书引导读者去了解什么是中国茶、中国茶有哪些健康功能及如何泡茶才能享受到茶叶的健康功能。

我国茶产业发展必须依靠科技自主创新驱动，而创新驱动必须以消费需求为导向，这是未来茶产业发展的方向。只有研究消费需求，掌握需求变化，通过科技创新创造需求，扩大消费，中国茶业才会持续发展。事实上，近年来茶业科技创新虽快速发展，但仍存在着许多"未解之谜"，不能适应支撑茶业发展的需要。从茶业科技创新资源配置来看，我国茶产业自主创新资源主要集中在生产加工环节，但是，茶业创新资源投入到消费者需求层面还太少，更缺乏很好的与营养健康领域相结合的研发创新。这就需要茶叶产业充分利用自身的资源优势，加速引进高新技术，加强茶产品的消费需求研究，加强茶产品的营养健康功能研究，促进茶产业升级和茶消费升级。

作者具有医学和营养学专业的背景，在茶叶行业耕耘多年，善于观察和思考，积累了丰富的经验，才能够建立起独特的视角，使这本书做到内容科学客观、语言通俗易懂。这个时代很需要这样一本书，值得推荐。

江用文

中国茶叶学会理事长

2018 年 8 月

前言

对于大多数中国人而言，即使不常饮茶，也能随口说出几种茶叶的名字；即使从来不刻意养生，也能随口讲出几种养生之道；而几乎所有的中国人都相信饮茶使人健康。

茶叶最初是以一种中草药的身份问世，传承数千年，早已走进寻常百姓的日常生活，并沿着丝绸之路走向了全世界。茶，代表着中国的文化，有着人类健康发展史上不可或缺的存在。从古至今，茶叶一直保持着其独特的身份，它似药非药，可泡可煮，可以食用，可以品饮，可以清心，可以解毒，亦可以养生。

中国人饮茶，无论在茶叶种类、品饮方式、文化修炼方面，还是在探究茶叶的保健养生方面，其丰富程度和历史厚度，着实令人高山仰止。饮中国茶，可以极简，权当一瓢饮；亦可极为繁复，倾尽毕生精力也未必真正能"懂"。如果一定要简单地去概括，研究茶叶可以分为以下三个方面：一是了解茶叶本身，它来自哪里，如何制作储藏，如何冲泡最佳；再者为饮茶的心灵感悟，所谓茶道、禅茶一味；第三即饮茶的养生保健。

很多中国古籍上都记载了茶叶相关的养生保健功能。日常生活中关于茶叶养生保健的观点有很多都流传甚广，比如消食、解腻、提神、减肥、抗癌，有时甚至让人觉得无所不能。但是，中国茶叶品类丰富，不同茶叶的内涵物质随早期加工方法和后期储藏及煮泡方法的不同而呈现繁复的变化，其保健功能自然也是因茶而异。如果我们泛泛地谈论茶叶的保健养生效果，却不区分茶叶种类和相应的使用方法，其结果不但可能达不到应有的效果，还可能适得其反，有损健康。

虽然历经 5000 年，但人们对茶叶的认知和使用仍然不断地在创新、发展和变化。古有神农、陆羽，当代有吴觉农、张天福等茶叶大家，更有当今社会将毕生精力奉献给茶叶事业的大师、匠人们不断地丰富着中国的茶叶；同时，在茶叶方面有限的现代科学研究已经为我们撕开了科学的一角，分析化学、生物化学、分子生物学、微生物学、现代医学等学科的科学家们在不断地发现和挖掘茶叶所赋予人类的保健功能。尽管如此，时至今日，茶叶行业仍然是一个以农产品初加工为主体的行业，茶叶触手可及的健康价值和养生机制仍有太多的未解之谜，有待更多的现代科学理论和技术去探索与发现。

本书作者深知一本简单的科普书无法把茶与健康的关系讲得透彻，但是仍然希望能够在博采众家之长的同时，将这些年在研究工作中总结的一些心得奉献给广大读者，让更多的人能够理解茶，更好地运用茶，并在享受中国茶叶精致风雅的同时，获得健康。

本书上篇为广大读者系统地整理介绍了中国各类茶叶的分类、加工制作、茶叶的基本特征以及与人体健康相关的内含成分特点。中篇以茶叶能够实现的保健功能为索引，详述医学典籍和现代科研成果中不同品类茶叶的起效机制，并推荐适宜的饮茶方法。下篇简述了科学饮茶的方式，并附有一个简便有效的冲泡手册供读者在日常生活中查阅参考。

为便于读者掌握泡茶的标准，免去繁杂的计算，本书使用全国市场上统一发售的定量为 4 克或 8 克的"小罐茶"及其 400 毫升定量的商务茶具作为标示。

愿这本科普书能够陪伴大家走进茶的世界，祝愿广大读者饮茶健康。

王春玲

2018 年 7 月

目录

【引子】

一个英国人曾经这样描述茶："当你感觉寒冷时，茶会让你温暖；当你感觉燥热时，茶会让你清凉；当你感到沮丧时，茶会让你高兴；当你感觉兴奋时，茶会让你平静。"茶叶成规模传入欧洲是在 17 世纪，当时只有贵族才能喝到茶。茶被认为是东方的神药，全世界的珍宝。

现在世界上大多数国家和地区的普通百姓都有茶喝，每天大量饮茶的国家和地区有很多。我国内地的人均饮茶量只能排到第 19 位，与排名第一的土耳其相差 5.6 倍（世界银行数据，2010）。但是外国人饮茶，总是让人感到一种浓浓的工业风。

从品种上讲，茶以红茶为主，大多辅以花草香料或配焦糖牛奶，只有少数国家和地区在近年才慢慢开始流行绿茶，并逐渐尝试了白茶和普洱茶。在饮茶形式上，大多数国家和地区以填充了碎茶的袋泡茶包或浓缩汁调制的瓶装饮料为主，重在方便快捷；如果是散茶，会使用英式下午茶的大茶壶来泡或者是用像煮咖啡一样的金属壶来煮茶，没有"茶、水分离"的讲究，更不用提令人眼花缭乱的官窑瓷器以及修行般的茶道。在过去的几十年里，欧美、日本等国家和地区在茶叶的健康功效方面的研究一直保持着一定的热度，但是大多科研仅仅局限于茶多酚、茶叶提取物等分子物质，而研究结果也是不温不火，有时甚至让人觉得茶叶的健康功效似乎还不如咖啡和巧克力来得明确。总之，外国人饮茶，似乎总是缺少了那么一点点"神韵"，像袋泡茶一样简单直接。

而茶叶对于中国人来说，则完全是另外一个故事。

全世界国家和地区年人均饮茶量排名［磅／（人·年）］
数据来源：世界银行 Euromonitor（1 磅约合 0.45 千克）

上篇

多彩中国茶

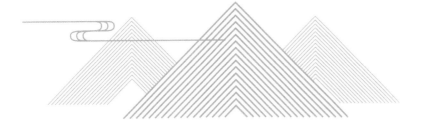

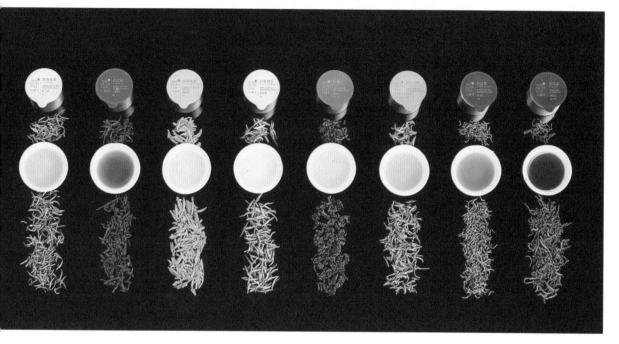

多彩中国茶

　　中国茶叶，色彩斑斓，传统上按照颜色分类，有六大类：绿茶、白茶、黄茶、青茶（乌龙）、红茶和黑茶。这些茶叶可以被再加工成茶粉、茶膏、茶水饮料、花草茶等，但万变不离其宗，它们的原型都是传统的六种茶。一些相对比较特殊的茶叶，比如普洱茶和茉莉花茶，都是在传统六大茶类的基础之上衍生而来。

　　六大茶类的区别，源于不同的加工方法，而不是六个品种的植物。事实上，所有茶叶都源于山茶科山茶属植物：*Camellia sinensis* (L.) O. Kuntze。即便是多见于云南地区的乔木大叶种茶树，从植物学分类上也是山茶科山茶属。不同区域的地理条件不同、气候条件不同，以及祖祖辈辈栽培和选育的方式不同，使得各地区的茶树有了区别，也因此使目前有一些

茶树

茶树品种与成品茶的种类产生了对应关系。比如西湖地区的茶树对应西湖龙井绿茶、武夷山茶树对应大红袍乌龙茶，但这并不能成为区分不同茶叶的方法。

植物学家依照植物分类学方法来追根溯源，学界比较公认的是茶树这种植物至今已有6000万年至7000万年的漫长生存史。唐代陆羽所著《茶经》的第一句是："茶者，南方之嘉木也。"据中国的大量史料记载，茶树最早产于中国的云南、贵州和四川，那里有着茂密的原始森林和肥沃的土壤，气候温暖湿润，特别适合茶树的生长。地质学家认为，约100万年前地球进入冰川时期，大部分亚热带作物被冻死，而滇、贵、川特有的温湿地理环境，使这一地域中的许多植物，包括茶树得以幸存下来。

有学者认为，整个茶叶的历史就是绿茶的历史。这种说法虽不完整，但事实上，我们的祖先们确实是在不断摸索中历经千年才形成今天完整的绿茶制作工艺。从有文字记载的历史来看，绿茶最早起源于巴地（今川北、陕南一带）。据信史《华阳国志》记载，当年周武王伐纣时，巴人曾向

抹茶

周军献茶。因此巴人种茶的历史可以追溯到3000年以前是不争的事实。现代常见的炒青绿茶最早出现在唐代，这在元朝王祯的《农书》中有提及。而到了明朝，炒青工艺日趋完善，已经有了杀青、摊凉、揉捻和焙干等全套工序，非常接近近现代的绿茶制法。唐宋及之前大多采用的蒸青的杀青方式在明朝逐渐被废弃，而蒸青抹茶在唐朝被引进日本后得以保留至今。

中国历史名茶的诞生，大多源于古代劳动人民在实践中诞生的美丽意外，各有其美丽的传说。比如有一个关于白茶的传说是这样的：相传古时候，福建太姥山有位白姓女子，为避战争躲在山中，为人乐善好施。有一年，附近村庄恶疾流行，无数患儿因无药救治夭折。一日夜里，白姑娘梦见南

极仙翁，仙翁告知：鸿雪洞顶有一株 2 米高小树叫"茶"，是当年给王母娘娘御花园运送茶种时不小心掉下的一粒茶种发芽长成，"茶"的叶子晒干后泡开水是治病良药。白姑娘醒来后，趁月色攀上鸿雪洞顶，迫不及待地采下绿叶，回来后按照仙翁教会的法子晒干后送到村民的手里。过了半个月时间，神奇的茶叶终于战胜了病魔。从此，白姑娘精心培育这株仙茶，并教太姥山乡亲们一起种白茶、采白茶、制白茶。很快，整个太姥山区就变成了茶乡。这就是经过福鼎茶农们口口相传至今的福鼎白茶的传说。从故事中可以看出，白茶的加工工艺非常简单，也确实有古时候人们就用白茶"消炎治病"一说。

相对于其他茶叶品种，红茶的产生较晚。关于红茶的产生，流传最广的故事有两个。一个是明朝后期的隆庆年间，有一支军队来到武夷山桐木关，时逢采茶季，又困又累的士兵看见满地的茶菁，就躺在上面睡了一夜。当士兵走后，茶农们发现原本碧绿的鲜叶都已经变黑。茶农们舍不得扔掉辛苦摘来的茶叶，就想烘一烘继续留用。烘干时用马尾松烧火加热，结果茶吸收这种松木的烟味后变得香气独特。有这种独特香气的茶后来竟然大卖，从此便有了"正山小种"红茶。另一个故事是说有一艘满载新鲜茶叶的大船，从福建出海口岸驶往英国，途中遭遇了风暴，迷失方向在海上航行一年半后才抵达英国。当英国商人打开箱子的时候，发现原本深绿色的茶叶，竟然成了红黑色，但发出了与平时不同的甜香味。用这种茶叶泡出来的茶汤金黄透亮，像极了皇室饮用的香槟，深受英国人的喜爱。两则故事的真假，我们无从判断，但都说出了红茶的制作工艺的一个最基本原理——长时间的堆积使茶叶颜色变深，用科学术语说就是氧化发酵。加工好红茶并不容易，如何让叶子氧化得恰到好处而香气物质富集，是一门功夫。

关于乌龙茶的产生也有很多种传说，其中一个民间故事是这样的：明末清初，在福建某个村落住着一位退隐的将军，单名一个"龙"字。这位将军长得黝黑健壮，乡亲们都亲切地叫他"乌龙"。有一天，乌龙将军如往常一样上山打猎和采摘野生茶叶。茶叶采摘完后，他忽见一头山獐从前方溜过，于是他急忙提起猎枪追捕山獐，他刚采好的鲜茶叶就在篓子里跟随他一路颠簸。捕到山獐后回家比平日晚了的乌龙将军把茶叶放在一边，急忙宰杀山獐，与家人一道享受狩猎的"战绩"。翌日清晨，乌龙将军发现，再经炒制后的茶叶苦涩味消失，变得更为香醇。于是乌龙找来乡亲们一道品尝，大家都赞叹不已，纷纷仿效这批茶的制作方式，并广为传开。此后，这里的村民开始扩种茶树，以茶为生。乡亲们为感念乌龙的贡献，就把所制的茶叶都称为"乌龙茶"。虽然是个传说，但这个故事与"乌龙茶起源"的时间、内容基本是吻合的。从故事中我们看到，乌龙茶的制作是很有技巧的，"乌龙将军"在追逐山獐的过程中，篓子里的鲜叶不断相互碰撞，这个过程我们现在叫作"摇青"。摇青使乌龙茶的叶子适度地破碎并氧化，而又不像红茶氧化发酵得那样彻底。乌龙茶的制作最讲究火候，火候稍变茶香即变，这也使得乌龙茶成了目前品种最为丰富的茶叶品种，更有轻发酵、轻烘焙的铁观音和重发酵、重烘焙的大红袍两大品类分庭抗礼。

摇青

"茶马互市"自古有之。千百年来，黑茶的消食去腻功能誉满边关。边疆牧民素有公认："宁可三日无粮，不可一日无茶；一日无茶则滞，三日无茶则病。"黑茶的传说基本都是发生在茶马古道之上。传说之一是东汉班超带着一支满载茶叶的商队出使西域，路上恰逢大雨，班超怕误了出使日期，便让茶商只擦干了茶箱表面的水分就继续前行了。不久进入河西走廊，车队在烈日炎炎的戈壁滩上行走，经过一个多月的跋涉，所携茶叶都变黑了。路上忽遇两个牧民捂着肚子在地上滚来滚去，额头上汗珠如雨。围观者介绍，牧民们终年肉食，不消化，容易造成肚子鼓胀，每年不少牧民死于此症。随行的医生想到茶叶能促进消化，就将茶叶取来，班超抓了两把发霉的茶叶放到锅里熬了一阵，给患病的牧民每人灌了一大碗。患者喝下后，肚子里鼓胀的硬块便消失了。毛茶浇湿变软，然后压制成不同的形状，方砖、圆饼、柱状的，再经温热天气储存，茶叶颜色即变得乌黑，这就是今天所说的黑

金花茯茶

茶。类似的传说还有不少。电视剧《那时花开月正圆》中也讲述了在茶马古道上发现金花黑茶的奇闻。剧中沈家为了抢生意陷害吴家东院，让吴家东院的整船茶砖泡了泾水，长出了"霉芽子"。正在东家少奶奶要把茶叶丢弃做田间肥料的时候，却被老船长发现：长了"霉芽子"的茶香气更加纯正，滋味更加醇厚。后来这种茶取名为"金花茯茶"，由此上演了一部转败为胜的传奇大戏。黑茶是制作工序最为复杂的茶叶，它是真正的发酵茶，因为黑茶有了微生物参与发酵。与其说是人加工了黑茶，不如说是人与微生物共同加工了黑茶。

上面的这些关于茶的民间故事的真实性已无从考证。但是这些故事都印证了好茶是做出来的。古代劳动人民在实践中不断尝试、创造，历经世世代代的不断完善修正，并把"做错了"的东西固化成了新的茶类。因此，六大茶类的产生是偶然与技术的完美结合。

如果整理一下六大茶类的制作过程，可以这样说：茶叶的加工是一个让鲜叶成分不断变化的过程。新鲜茶叶中含量最高、抗氧化能力最强、最有茶叶味道，也最能代表茶叶功能的物质是茶多酚。茶多酚在鲜叶中的含量一般是干重的 18% ~ 36% 之间，是茶叶的主要组成物质。茶多酚在不同的加工方法的作用下会转化为其它物质，因此用茶多酚的变化程度多少来区分六大茶类似乎最为直观。

绿茶，鲜叶采摘之后就通过"杀青"等步骤将茶叶本身具有生物活性的酶等失活，让鲜叶品质固定下来，茶多酚完整保留，一点都不发生氧化发酵，因此绿茶是不发酵茶，也是抗氧化功能最强的茶叶。我们喝绿茶之所以要尝鲜，喝新茶，就是因为茶叶中最原始的物质在存放过程中会被氧化，香气物质挥发，味道变陈。因为绿茶相对接近鲜叶，诞生得也最早，流传得也最广，更关键的是里面的原始茶多酚也最多，而关于绿茶的健康功效研究也最多，这也是一提健康首先提到的是喝绿茶的根源。其实各大茶类

炒青（杀青）

各有特征，远远不只是绿茶和茶多酚这么简单。

鲜叶通过慢慢地晒干、精心地闷制、精细地摇动和透彻地氧化，依次形成了白茶、黄茶、乌龙茶和红茶，茶多酚的氧化发酵依次越来越彻底。氧化发酵的过程中鲜叶中原始的茶多酚越来越少，复杂的化学反应让它们变成了各种新的茶叶成分，造就了不同茶叶独特的色、香和味，当然还有独特的健康功效。红茶在自身存在的酶的作用下，其中的茶多酚氧化发酵得非常彻底，因此走向了绿茶的另一个极端，它的品质最固定，可以存放一年两年，甚至更久，品质也没有太大变化，只是会损失一些香气物质。而白茶、黄茶和乌龙茶，由于原始茶多酚只氧化发酵了一部分，茶叶还可以继续变化。"老白茶"和"老乌龙"等概念都告诉我们随着茶叶的存放，茶叶品质还在继续变化。因此很多人都说茶叶是有生命的。

黑茶，又名后发酵茶。如前所述，其加工在很大程度上依靠外源微生物的作用。换个角度说，这些微生物在茶叶中生长，通过自身分泌各种物质帮助茶叶的成分转化，形成不同黑茶独特的新物质。这些茶叶加工的微生物可以看作是"茶叶益生菌"，以茶叶为载体发挥独特的健康价值。微生物多而强，再加上作用时间长，鲜叶中原始的茶多酚就变化大；反之，则变化少。微生物的参与让黑茶的内含物变得更为复杂。云南、湖南、广西、湖北、四川和陕西都有自己的黑茶品种，奥妙就在于不仅仅各地原料不同，而且各地的微生物种类也有天壤之别。

在这里需要特别提一下云南普洱茶，一种用云南乔木大叶种茶树树叶加工而成的茶叶。普洱茶分为两种，普洱生茶和普洱熟茶。普洱熟茶属于黑茶，因为在它的制作过程中有微生物参与发酵；而普洱生茶，在传统分类方法上存在一定的争议。普洱生茶制作工艺与绿茶类似，更像不发酵茶。

但是由于生茶采用的是晒干这种柔和的干燥方式，导致普洱茶上沾染的微生物和自带酶很多都存活了下来，帮助茶叶在存放过程中慢慢转化，这点与绿茶有本质不同。绿茶讲究鲜，而普洱生茶讲究存放及成分的转化。转化让普洱生茶的口感、香气和功能都产生了变化，特别是老生普，香气、味道俱佳，几十年如一日的辛勤转化是任何现代技术都无法取代的。当然，云南大叶种茶叶是内含物最丰富的茶叶品种，给普洱生茶留出了充足的转化空间，其他茶叶品种很难仿效模拟。基于以上这些特殊性，很多现代学者将普洱生茶认定为区别于中国传统六大茶类的第七种茶。

普洱生茶　　　　　　　　　　　　普洱熟茶

不难看出，中国茶叶之所以分为六大茶类，并衍生出了普洱、茉莉花茶这样的特殊品类，主要源于各类茶叶各自丰富巧妙的加工方式（表1）。虽然各类茶叶的主要成分类似（表2），但是绿茶的杀青、白茶的萎凋、黄茶的闷黄、乌龙茶的做青、红茶的氧化发酵和黑茶的微生物发酵等这些各具特色的加工工艺让每种茶有其独特的成分特征和含量。例如，我们再熟悉不过的维生素C，茶叶里也有。一般茶树鲜叶，无论茶树生长环境和气候等一切自然因素，鲜叶维生素C的含量都高于每千克400毫克。绿茶的高温杀青然后迅速干燥的加工过程几乎保留了鲜叶中全部的维生素C，而红茶揉捻发酵，全部维生素C都被氧化了，几乎检测不到。因此，说喝茶可以补充维生素C就不那么准确了，绿茶可以，但是红茶不会。再举一例，目前鉴定出来的茶叶鲜叶中的芳香物质有80多种，加工成绿茶后香气物质数量增加到260多种，而乌龙茶有300多种，红茶更是超过了400种，这也说明了茶叶香气的形成主要来源于茶叶的加工过程。加工方法决定茶叶成分，这些成分也决定了不同茶叶品类的色、香、味和保健功效。

表1　中国茶叶的传统加工工艺

茶叶品类	加工工艺
绿茶	杀青→揉捻→干燥
黄茶	杀青→揉捻→闷黄→干燥
白茶	萎凋→干燥
乌龙茶	萎凋→做青→杀青→揉捻→干燥
红茶	萎凋→揉捻→发酵→干燥
黑茶	杀青→揉捻→渥堆发酵→干燥

表2　中国茶叶中的主要成分

茶叶成分	代表性物质（含量较高，具有明确健康功效）
茶多酚	儿茶素（酯型儿茶素、非酯型儿茶素、甲基化儿茶素、聚酯型儿茶素）、没食子酸、茶黄酮
茶色素	茶黄素、茶红素、茶褐素
氨基酸	茶氨酸、γ-氨基丁酸、天门冬氨酸、谷氨酸
生物碱	咖啡因、茶碱、可可碱
糖类	茶多糖、少量可溶性果胶
芳香物质	醇、醛、酸、酯、酚及其它类挥发性香气化合物
维生素	维生素C、其它脂溶性维生素
矿物质	磷、钾、钙、镁、铁
有机酸	苹果酸、柠檬酸、草酸
脂类	脂肪、磷脂、甘油酯、糖脂等
其他	叶绿素、类胡萝卜素、花青素

当然，配合原料的不同特点，合并加工过程中参数的微小变化，又会让同一品类茶叶中不同茶叶类型产生独特的品质特色。比如同属乌龙茶的铁观音和大红袍的加工参数就有较大差别，氧化发酵和烘焙程度的不同让二者的色香味甚至保健功效都有不小的差异；同为黑茶，广西六堡茶和湖

南安化黑茶的原料特色各有不同，参与发酵的微生物种类和工艺参数也不相同，这让二者的品质特色及健康功能产生了很大的差异。即便同一种黑茶，由于微生物是在开放的环境下进入原料茶中，不同批次的产品在生产过程中进入的微生物种类和数量也会不一样，因此每一批茶叶的口味甚至功效都会存在差异。一方面，正是这种多样性成就了中国茶叶的无穷变化和博大精深；另一方面，传统制茶工艺的农业属性导致其很难被标准化复制，推广困难。这也是现代茶叶行业面临的主要挑战之一。

碎茶

中国人饮茶一般会选用相对完整的茶叶，因而茶叶中的香气物质能够在茶叶中保留很久，让人在品饮过程中能够享受到非常丰富的风味。而大多数国家的消费者更多饮用的是袋泡茶。因为袋泡茶需要把茶叶切碎，碎茶中的香气物质会挥发得非常多，再加上做成产品后没有额外的储存和保鲜过程，茶叶的香气几乎损失殆尽，留下的是干巴巴的滋味。因为红茶本身的滋味很浓，香气占风味的比例相对较小，但是对于绿茶、乌龙茶等以浓郁香气为特征的品类，如果仍使用袋泡茶的方式，就会使香气滋味都损失巨大。

在接下来的章节中，我们分别介绍这些特点各异的茶叶，详细讲述每一片鲜叶如何变成色香味形以及保健功效特点鲜明的不同茶叶。

绿茶
清新

绿茶的年产量占我国总茶叶年产量的 60% 以上，是我国百姓生活中最常饮用的茶叶品种。绿茶产区分布广，产茶之地必产绿茶，北至山东日照，南至宝岛台湾和海南。我们日常熟知的名优茶多为绿茶，西湖龙井、黄山毛峰，家喻户晓。绿茶外形绿，汤色绿，味道鲜爽甘甜。绿茶中儿茶素等活性成分结构清晰，而且相对简单，因此绿茶保健功效的研究在所有中国茶叶种类中是最多的。

绿茶的加工

绿茶加工方式简单，分为杀青、揉捻和干燥三个步骤，茶农在家里就可以制作。杀青是绿茶的核心工艺，通过高温来灭活茶叶鲜叶中的各种酶，这样鲜叶中的原始茶多酚就不会被氧化发酵了。同时，杀青去除了茶叶本

炒青

抹茶

来的"青草气"，初步产生了绿茶的独特香气。杀青包括炒和蒸两种方式，目前多数绿茶都用炒青的方式杀青，只有湖北恩施玉露，产于浙江、福建和安徽三地的中国煎茶以及抹茶是用蒸青的方式杀青。由于目前我们喝到的名优绿茶多数采用炒青方式杀青，久而久之便误认"蒸青"技术源于日本，蒸青茶就是抹茶。其实，蒸青绿茶是我国古代最早发明的一种茶类，于唐宋时期盛行，并通过佛教途径传入日本，至今被日本茶行业沿用，没有本质的改变。

绿茶揉捻

杀青后的揉捻和干燥两道工序也对绿茶品质起到关键作用。揉捻工序帮助茶叶成分更容易被冲泡出来，同时揉捻还可以帮助茶叶形成不同的形状，比如大家熟知的西湖龙井就是在揉捻过程中压成扁平片状的。所有茶叶都要经过干燥工序，除了将茶叶水分降到一定程度让茶叶品质稳定之外，干燥无形中帮助茶叶香气再度提升。绿茶常见的干燥方式有烘和晒两种。黄山毛峰、六安瓜片和太平猴魁等我们熟知的几种名优茶都属于烘青绿茶，而滇青、川青和陕青等属于晒青绿茶。

绿茶烘干

绿茶的品种

我们熟知的名优茶多为绿茶，绿茶产区分布最广，知名产区最多。浙江绿茶最为知名的应属西湖龙井，产于浙江杭州，有"中国第一茶"的美誉。其外形扁平，颜色翠绿，茶汤碧绿澄清，茶香清爽，滋味鲜醇。西湖龙井各时代多次被作为国礼赠送给国外友人。西湖区的"狮峰、龙井村、五云山、虎跑、梅家坞"是西湖龙井的核心产区，良好的地理环境和优质的水源，赋予了西湖龙井山泉雨露之灵气。核心产区的明前龙井近些年都要卖到上万块钱一斤，这个价格象征着它的稀缺，价格已经远远超越了绿茶的物质属性，代表其固有的色香味和保健功效之上的一种精神层面的价值。

西湖龙井

扁平的龙井

江苏苏州地区的名茶以洞庭碧螺春闻名中外，其叶片纤细呈螺旋状，颜色嫩绿，有独特的花果香气。碧螺春也是故事比较多的一种茶叶，民间最早叫做"洞庭茶"，后来传说是康熙大帝为其提名为"碧螺春"。安徽

龙井茶园

黄山毛峰

省的知名绿茶较多，有汤色杏黄的黄山毛峰，呈瓜子形的六安瓜片，扁平挺直、硕大叶片的太平猴魁等。此外，河南的信阳毛尖、江西的庐山云雾和江西婺源绿茶以及贵州的都匀毛尖等也都是家喻户晓的知名绿茶。在这里还需要特别指出，安吉白茶属于绿茶，并非白茶，只是由于品种的原因，萌发的嫩芽为白色故而得名。安吉白茶是严格按照绿茶的制作工艺制作的，因此它实际上是绿茶的一种。这也再次告诉我们六大茶类的分类取决于制作工艺，品种名称都有可能成为混淆的陷阱。

太平猴魁

绿茶的成分与功能

绿茶中的主要功能成分包括茶多酚、咖啡因和茶氨酸。咖啡因是大众较为熟悉的成分，具有提神的作用。茶叶中有三种生物碱，除了咖啡因之外还有茶碱和可可碱，药理作用相近，但是茶叶里茶碱含量较低，而可可碱在水中的溶解度极低，因此茶叶里发挥作用的生物碱主要就是咖啡因。但是咖啡因在茶里的释放相对平缓，这与茶叶中茶氨酸的活性密不可分，在后面养生章节中我们会详细介绍。茶多酚是很多种茶叶中特殊多酚物质的统称，茶多酚中占比最大的儿茶素被认为是更具有"茶叶特色"的茶叶成分。儿茶素在绿茶中含量极高，100 克茶叶里有 10 克以上的儿茶素。儿茶素本身也是一大类物质的统称，其中有一种化学物质简称 EGCG（表没食子儿茶素没食子酸酯），它有很强的抗氧化和对抗癌细胞的活性。自 20 世纪 80 年代开始，世界各国的保健品企业和制药企业都在充分研究并试图更好地开发利用 EGCG。

绿茶香气清新，大多数人都非常喜欢喝绿茶的味道。但是，浓绿茶往往味道比较苦涩，另外，有一些人喝了绿茶会觉得胃疼。大家往往把喝绿茶胃疼用民间的浅显说法解释为"绿茶性寒"故而伤胃。"苦涩"、"伤胃"成了限制绿茶产业发展和绿茶消费年轻化、时尚化的重要瓶颈之一。其实用"性寒"来解释是一种非常含糊的说法。几乎所有喝绿茶胃疼的人，往往吃其它刺激性食物都会胃疼，而这些人基本上都患有慢性胃炎、胃溃疡等疾病。原因是胃黏膜破损，胃黏膜蛋白裸露出来，与茶叶中的主要健康成分茶多酚相结合，刺激了胃部神经而引发疼痛。而红茶等其它茶类由于在发酵过程中，刺激性的物质减少，大多数原始的茶多酚已经转化为茶红素、茶黄素、茶褐素等，因此茶叶所谓的寒性也随之减弱，对胃部的刺激会小很多。这也是导致很多人说绿茶性寒而红茶性暖的主要原因，同时也有夏季饮绿茶解暑、冬季饮红茶暖身之说。

茶多酚尤其是儿茶素类物质中的酯型儿茶素被认为是"伤胃元凶"。所谓酯型儿茶素包括两种：ECG（表儿茶素没食子酸酯）和 EGCG，一般可以占到儿茶素总量的 80% 以上。酯型儿茶素能够快速高效结合到胃黏膜蛋白上，破坏黏膜蛋白对胃部的保护作用，产生"刺激"性。巧合的是，食品科学和茶学专家也指出，ECG 和 EGCG 是绿茶苦涩味道的重要来源，其苦涩程度与其他多酚类物质的总和相当。如果能在加工过程中将 ECG 和 EGCG 转化为其他类型的儿茶素，既可以最大限度减轻绿茶伤胃等刺激作用，还可以降低大叶绿茶高茶多酚带来的苦涩程度，提升香甜度，兼顾健康与美味。

有研究显示，某些现代蒸青加工技术可以让绿茶中酯型的儿茶素转变为非酯型儿茶素，而非酯型儿茶素对胃的刺激小，苦涩味也轻，因此小众的蒸青绿茶在功能和口味上别有特色。

绿茶的儿茶素含量高，抗氧化性能位居六大茶类之首，儿茶素是绿茶健康功能的基础，咖啡因和茶氨酸起到支持和辅助作用。当然除去这些成分，绿茶中的一些多糖、皂素、维生素（特别是维生素 C）以及矿物质元素也是对身体所需营养成分很好的补充。绿茶的代表性功能包括清凉解暑、提神醒脑、降脂减肥、降血糖、抗癌、护肝以及预防老年痴呆等，在后面也会分别介绍。

绿茶的健康功能

绿茶是保留了最多鲜叶成分的茶叶品类，儿茶素含量高，咖啡因保留完好，是天然的清凉解暑和提神、抗疲劳茶品的好选择。同时，绿茶在减肥和抗肿瘤方面得到了很多临床研究证明。

绿茶的品质特征

中国的绿茶种类最丰富，色香味形也最为多样。

绿茶青汤青叶，其特征可以概括为两个字，绿和鲜。所谓绿，一方面指茶叶本身色泽绿，另外汤色（黄）绿清澈明亮。绿茶汤色显绿主要是由叶绿素决定的，当然也包含黄酮及黄酮苷类等水溶性呈色物质的共同作用。鲜，有时也称作鲜甜。绿茶鲜爽甘甜也是由其成分决定的。一般绿茶原料嫩度高，茶叶中可溶的氨基酸和糖类物质含量高。氨基酸，特别是茶氨酸味道极为鲜爽，有"茶味精"之称。茶氨酸等鲜爽物质与茶多酚的苦涩味相协调，共同形成绿茶特有的苦中带甜、涩中有鲜的特征口味。一般而言，夏秋茶的茶多酚含量会略高于春茶，而茶氨酸的含量低于春茶，因此味道上春茶更为鲜爽甘甜，但这并不能说传统意义上的优等绿茶（春茶），或者是明前茶的保健功效就一定好于夏秋茶，应该按照需求而定。

绿茶泡茶茶汤

在香气方面，春茶的香气物质较少，而且加工绿茶并没有提升香气物质的萎凋等工序，因此绿茶的香气淡一些。绿茶的香气物质主要在杀青过程中产生，香气偏向清香，而不像红茶那样浓郁。绿茶的香气物质主要包括二氮杂苯、吡咯和呋喃等氮氧化合物。不同绿茶原料和加工工艺的微小区别也让不同绿茶的香气有一些差别，久而久之，也出现了一些标志性的绿茶香，比如西湖龙井的豆香、碧螺春的花果香等。

由于绿茶品种多样，特别讲究产区和时令。为了彰显自身的特点，不同名优绿茶的外形也各有特色，比如龙井茶扁平俊秀，碧螺春卷曲似螺，黄山毛峰芽尖似峰，而太平猴魁的宽长外形使其成了最上镜的绿茶。

■ 绿茶的储藏与冲泡

绿茶讲究"尝鲜"，当年绿茶当年喝。绿茶应尽可能在低温、干燥、阴凉、避光的环境保存。拆开包装后，如果有条件最好放在4℃冰箱中保鲜。特别应该注意的是，茶叶吸附能力特别强，保存环境应该杜绝异味。如果放在冰箱里，一定要密封，以免茶叶沾染异味。为了保障大家能够喝到最新鲜的绿茶，很多企业绿茶采用独立包装，一次一袋、一次一罐，方便

①抽真空
②充氮气

密封充氮

快捷，是帮助大家享受绿茶的好选择。小罐茶的密封充氮包装同时为消费者解决了避光、密封、隔绝氧气的难题，能够使同等品质的茶叶在更长的时间里保持新鲜的色、香、味、形，当然也能更长时间地保持其很好的健康功能。

绿茶用玻璃杯冲泡最佳，因为绿茶细嫩，观察叶片在玻璃杯中舒展的过程也是一种享受。根据个人喜好，如果用白瓷盖碗、茶壶等冲泡绿茶亦可。由于绿茶叶子一般娇嫩，冲泡绿茶水温不宜超过 90℃，有经验称 85℃最佳。如果我们用沸水冲泡，过热的水温让儿茶素一下子集中大量释放出来，苦涩味也容易一下全部展现出来，口感偏重，茶汤颜色也容易发黄；同时，绿茶中的维生素 C 会被沸水破坏，绿茶的营养价值也大量损失。

研究指出，咖啡因和氨基酸在第一次冲泡过程就会释放大半，氨基酸高达 80%，咖啡因高于 60%；第二次冲泡基本上就会 100% 释放。茶多酚的释放相对较慢，第一次接近 50%，两次冲泡可以释放 80% 以上。因此从保健角度上讲，绿茶至少冲泡 2 次。如果想彻底把绿茶利用掉，可以再泡一次，冲泡到第三次的时候可以用沸水，把茶叶中最后的剩余成分冲泡出来。如果还不过瘾，我们将绿茶吃掉也是个不错的选择，可以将茶叶里不溶的好营养成分也吃进去。

因此，为了达到绿茶口感和保健功效的平衡，绿茶可以用传统茶具或商务茶壶冲泡，也可以直接泡在玻璃杯里。当然，如何泡茶饮茶还要根据个人喜好，没有一成不变的规矩。

用玻璃杯冲泡绿茶

黄茶

老成

　　绿茶是我国消费最多的茶叶，而黄茶则是我国消费最少的茶叶。黄茶的加工工艺接近失传，即便这两年黄茶市场有复苏迹象，其年产量也不足绿茶的六十分之一，是六大茶类中的小兄弟。黄茶呈现黄汤黄叶，较之绿茶滋味更为醇和，并具有特殊的黄茶香气，但是味道上又不似黑茶等那么厚重，总体给人一种"少年老成"的感觉。黄茶具有较为明显的促消化等保健功效。君山银针和霍山黄芽是最为出名并流传至今的黄茶品种。

▌黄茶的加工

　　黄茶是轻发酵茶，与绿茶相近，只是比绿茶的加工增加了闷黄这一特有步骤。闷黄的"闷"字十分形象地描述了该步骤的特征，即将茶叶用纸包好，或堆积后用湿布遮盖，放置几十分钟到几个小时不等，本质是借助湿热堆积或摊放茶叶让茶叶发生自动氧化，在这个过程中叶绿素会被氧化分解，绿色减少，而叶片中叶黄素、胡萝卜素等的颜色会显现出来，使茶叶呈现出黄色或者黄绿色。如果闷黄的时间极短，黄茶就会接近绿茶；如果延长黄茶的闷黄时间，就会更为接近红茶。

　　根据制茶经验，"闷黄"步骤可以在加工过程的任何环节做。传统上闷黄主要在杀青和揉捻之后进行，也叫湿坯闷黄；而如果闷黄在初烘后进行，则属于干坯闷黄。干和湿，也就是闷黄时候的水分多少："湿热作用"反应相对比较充分，茶多酚等茶叶成分氧化剧烈，茶汤就会更黄；而"干热作用"容易让黄茶产生更为浓郁的香气，有人称之为"麦香"。

闷黄

▌黄茶的品种

黄大茶

黄茶早于公元 7 世纪就已经出现，根据原料芽叶的嫩度和大小可以分为黄大茶、黄小茶和黄芽茶。黄芽茶是指采摘最细嫩的单芽或一芽一叶进行黄茶加工，幼芽色黄，因此被叫作黄芽。君山银针、蒙顶黄芽都属于黄芽茶。黄小茶是采用细嫩芽叶加工而成，以一芽一叶和一芽二叶的茶叶原料为主，著名品种有沩山毛尖和远安鹿苑等。黄大茶一般是用老叶子加工而成，往往采用一芽四五叶为原料进行杀青闷黄加工，以安徽黄大茶和广东的大叶青最为著名。由于黄大茶对原料的嫩度要求最低，原料易得，因此我国黄大茶的产量在黄茶中最高。

如果从茶叶产区的角度来说，几乎是产茶之地必产绿茶；但是产黄茶之地可以说是少之又少。如果按照目前的产量排序，安徽第一，湖南第二，四川第三，再往后排，基本就属于个人爱好制茶，谈不上规模化生产。比起绿茶拥有众多名优品种，黄茶的名优茶能够流传至今的却屈指可数。安徽超越湖南成为当今黄茶第一产区应该要归功于霍山黄芽。霍山黄芽于唐初已经闻名，中唐时期远销西藏，明清时期盛行。但其制茶技术早已失传，直到 20 世纪 70 年代后才有人不断摸索，重新制作。而新的霍山黄芽是不是与古法一致，已无人可知。现在霍山黄芽的制作使用两次闷黄。相比于君山银针，霍山黄芽貌似更接近绿茶的品质特点。湖南岳阳被誉为中国的黄茶之乡，君山银针便产于此。君山银针又名"黄翎毛""金镶玉"，制作时二烘二闷，烘干和闷黄轮番进行。相传文成公主出嫁西藏时就选带了君

君山银针与霍山黄芽

山银针。有可能是这个原因，君山银针作为唯一的黄茶跻身中国十大名茶之一。还有一种较为著名的黄茶是蒙顶黄芽，产自四川雅安蒙顶山，三闷三炒，也就是炒青和闷黄交替三次，造就了蒙顶黄芽的特殊品质。蒙顶黄芽的芽条扁平挺直，全芽嫩黄，芽毫明显，汤色黄亮透碧，香气清纯。

■ 黄茶的成分与功能

按照中国茶叶的"普适标准"，或严格的传统观念，黄茶也是原料越嫩越好。相应受到嫩芽原料产量的影响，嫩芽茶价格昂贵，所以黄芽茶也就比黄小茶和黄大茶价格高很多。除最接近纯天然的绿茶之外，黄茶等其它五大茶类的加工过程已经涉及氧化发酵，也就是涉及茶叶内含物质的转变。氧化加工在很大程度上决定了产品的成分，进而也就改变了产品的色香味和保健功效，因此制作好茶对氧化加工的技术要求更高。因为同类茶叶的加工方式相同，当前同类茶叶产品的价格大体只代表原料的稀缺度，并不能完全代表产品其它方面的"价值"。例如，原料嫩度高，茶多酚等营养物质不一定高，甚至是低于某些粗老叶子，这样在闷黄工序中嫩叶子中茶多酚等氧化发酵得到的活性物质自然也就没有老叶子多，某些保健功效反而与原料嫩度成反比。

由于黄茶产量和消费量在六大茶类中最少，很多制茶工艺还在复兴之中，对黄茶功能成分的研究还比较少，黄茶产生的促消化等保健功能的核心成分还不清楚，有待科学家的进一步研究。相对来说，黄茶与绿茶成分接近，虽然比起红茶，物质变化还远远没有那么充分，但适度的氧化发酵让属于绿茶的"寒凉"性质在黄茶身上降低了。黄茶保留了一定量的儿茶素、氨基酸、咖啡因以及维生素和矿物质，但发酵产生了一定的茶黄素和茶红素，同时茶多糖的活性也得到了提高。

■ 黄茶的健康功能

黄茶的闷黄工艺使之相比绿茶略显温润，适度氧化发酵过程中产生的活性物质让黄茶有了促消化、调理肠胃的作用。还有研究指出黄茶具有降血脂、抗辐射等活性。

▌黄茶的品质特征

黄茶汤色为杏黄或淡黄色。由于叶绿素是不稳定化合物，在黄茶闷黄等加工过程受热遭到破坏，加之多酚的适度氧化，茶叶中呈黄色的物质含量激增，形成了黄茶"黄汤黄叶"的主要特征。儿茶素在闷黄时氧化聚合，绿茶叶片中的鲜爽味道和苦涩味在黄茶中大幅下降，而涩味比苦味降低更为明显，取而代之的是醇和的味道。

此外，黄茶还多了绿茶不具备的浓郁香气。加工过程中糖与氨基酸和多酚类化合物作用形成芳香物质，一些沸点较低的芳香物质挥发后，剩余的香气物质形成了黄茶令人愉悦的特殊香气。同时，黄茶的制作工艺相对自由，不同名优黄茶的杀青闷黄干燥程度各异，因此不同黄茶之间的香气差别比较大，其中霍山黄芽茶的栗香明显，令人印象深刻。

▌黄茶的储藏与冲泡

黄茶的储藏没有太多的严苛要求，存放在无异味的环境中即可。近年来一些研究指出黄茶在储藏过程中品质还在不断变化，称作"黄茶后熟"，茶叶的价值会因之提升。当黄茶置于通风阴凉环境内自然陈化后，黄茶的"陈香"加重，但黄茶的保健功效是否也因此得到加强，尚无科学证据来证明。近些年黄茶加工工艺不断创新，有了黄茶紧压茶，也是突出了黄茶可以收藏的属性，甚至研制了"黄茶发花"工艺，即专门设置黄茶微生物发酵工艺，但其实这样做出的所谓黄茶就属于黑茶范畴了，对品质和功效的评价也不能按照黄茶的标准进行。

黄芽茶的原料嫩度高，可以参照绿茶的冲泡及储藏方法。特别是君山银针，外形优美，用玻璃杯冲泡还可细致观察茶叶的外形舒展之美。也有人专门研究了君山银针的冲泡方法，建议用85℃以下温度的水冲泡君山银针，先将水加至玻璃杯的一半，一分钟后再加水至玻璃杯的8分满，冲泡后待温度合适即可饮用。

对于嫩度不高的一般黄茶可选用茶壶或者盖碗以确保能够及时将茶水倒入茶杯，即所谓"茶水分离"，这样可以减少苦涩味道。冲泡用沸水即可。相比于绿茶，黄茶的一些小分子儿茶素已经氧化聚合，同时黄茶中的多糖也有着明确的保健功效，它们的溶出速度没有咖啡因、氨基酸和简单儿茶素那么快，因此如果用茶壶泡茶，相比绿茶应该适当延长冲泡时间，也不应该轻易遗弃第三泡茶汤。

白茶
鲜爽

白茶是加工工艺最为简单的茶叶品类，仅有萎凋和干燥两道工序。近十年来，随着老白茶的市场概念不断升温，以及其药用价值被不断发现，白茶重新进入了主流茶叶消费市场。新白茶味道接近绿茶，"青草香"浓郁，味略苦涩；老白茶滋味醇和回甘，苦涩味全然不见，略显花果香。

▎白茶的加工

白茶加工的第一步是萎凋，就是在一定的阳光和温度湿度条件下将鲜叶均匀摊放，叶片失水、细胞破裂，叶片细胞中的活性酶等被释放了出来。由于没有进行杀青，细胞中的酶仍然保留很好的活性。在萎凋工序中，鲜叶细胞中释放出来的酶慢慢发挥其活性作用而改变茶叶成分，部分原始的多酚被氧化，形成了白茶独特的品质。白茶、乌龙茶、红茶的加工都有萎凋步骤，萎凋也被认为对各类茶叶的香气形成都起到关键作用，但因为白

萎凋

茶加工只有两步，因此萎凋的好坏对白茶尤为重要。

看似萎凋就是"晒"那么简单，但其实把萎凋控制好，让白茶成分组成合理，达到最佳的色香味和保健功效并不容易。例如，不同季节鲜叶的含水量，外界季节因素导致的气温高低和湿度大小都对鲜叶在萎凋过程中的水分散发速度有影响，选择合适的温度、湿度、通风条件、鲜叶摊放的厚度以及萎凋时间至关重要。如果控制不好，就会出现茶叶品质下降，例如"天冷茶黑，天热茶红"，就是因为自然环境变化导致叶片失水过慢或过快，品质受损。再比如萎凋时间过短，不充分，茶叶的"青草"味道过重，白茶中保健成分也没有充分形成；反之，如果萎凋时间过长，白茶应该保持的适度新鲜又失去了，致使其品质偏向发酵茶。

传统萎凋完全依靠日光照射，非常纯天然，但是这种靠天吃饭的方式往往导致白茶品质不稳定，产量受限。随着科技的发展，现代白茶加工更多地开始使用能够控制光线和温度的机械化设备进行萎凋并实行标准化控制，这样保证了白茶的品质稳定，让更多的消费者可以享受到白茶的美味和健康。

还有一种新工艺白茶是在原有白茶制作基础上加入了轻揉捻工艺，这样使得白茶外形略显规则，同时人工促使茶叶自身细胞内的物质破壁流出，因而茶味和汤色都变得更浓。

▌白茶的品种

传统意义上白茶属于福建特产，最早在福鼎市创制成功，因此福鼎白茶至今仍被看作是最正宗的白茶。福鼎白茶原产于福鼎太姥山，最早在陆羽的《茶经》中就有所记载："永嘉县东三百里有白茶山"。除了福鼎，白茶的知名产区还包括福建政和、松溪和建阳等地。如果按照原料等级分，也可分为白毫银针、白牡丹、贡眉、寿眉四大类白茶。白茶简单的加工工艺使得叶片上的白色茸毛完整保留了下来，有"满身批毫"的说法，白毫银针作为最高等级的白茶更是价格不菲。而白牡丹、贡眉和寿眉的原料嫩

白毫银针

白茶饼

度则相对低一些。由于近些年老白茶的概念被加温炒热，白茶常被压制成白茶饼以便于储存转化。

白茶很早就有出口历史，最早白毫银针还作为一种拼配原料与福建红茶拼配出口，由于其外形优美，欧美人喝到含有白毫银针的红茶时也觉得颇显档次，白毫银针很快就打开了国际市场。之后白牡丹等其他白茶品种也逐渐开发出来，但由于产量仍然不大，故一直作为特种茶专供出口创汇长达百余年，在那段时间白茶的国外消费量超过了国内。直至近些年，随着国内消费水平的提高，白茶才逐步回归国内主流消费市场，2009年至今白茶的产量翻了五倍以上，并持续上扬，国内再次成了白茶消费的主战场。

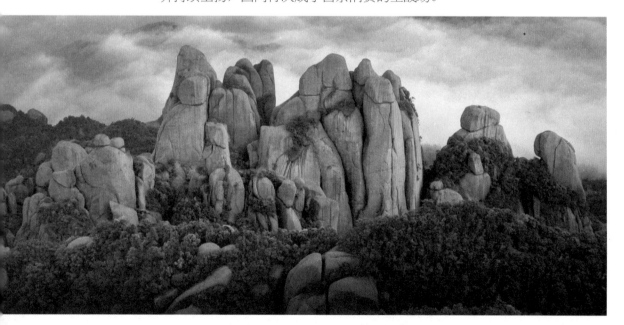
福鼎云海

白茶的成分与功能

与绿茶不同，白茶自身的酶并没有在加工过程中被完全杀死，仍然保持其自然氧化的能力，这让白茶始终处于一个变化的过程。新白茶中的四类主要成分包括儿茶素、氨基酸、咖啡因和茶多糖。由于轻微发酵，白茶儿茶素含量已经下降至与黄茶相当，但仍要高于其他茶类。新白茶的氨基酸含量位居六大茶类之首，可达到 5% 以上，这是由于所有茶叶加工步骤中，只有萎凋这个工序让茶叶中的氨基酸含量增加，其余的加工方式均使其下降。

茶叶的氨基酸中占很大比例的是茶氨酸，茶氨酸只在极少数天然植物中存在，我们通过日常饮食几乎不能摄入茶氨酸，因此饮茶是我们获得茶氨酸最方便也几乎是唯一的方法。茶氨酸滋味鲜爽，是"健康味精"；同时茶氨酸具有舒缓压力、提高精神状态以及一定的降血压功效。它与咖啡因可以说是黄金搭档，一起帮你心情愉悦、充满活力。国外很多保健品公司推出了"茶氨酸+咖啡因"胶囊，150 毫克的咖啡因和 250 毫克的茶氨酸，是一种保健品。其实生活原本不必像药片枯燥，每天几克高茶氨酸的白茶就可以让你方便地获得足够茶氨酸和咖啡因的同时，一并享受到饮茶的乐趣。

白茶在存放过程中成分缓慢变化，十年的老白茶与新白茶的成分区别极大。白茶在存放过程中，氨基酸含量会降低，所以如果想补充茶氨酸，新白茶最好，老白茶不是好选择。茶多酚在存放过程中会被氧化成茶黄素、茶红素等大分子茶色素。如前所述，100 克绿茶里有十几克的儿茶素甚至更多，新白茶可能只有 10 克或略少，而陈年老白茶中的儿茶素可能连 5 克都不到。这样，儿茶素的苦涩味逐渐消失，口味变得厚重、醇和，茶汤颜色由于茶色素的产生也变深了，也因此增加了茶色素天然健康的功效。另外，在陈化过程中白茶产生了更多的茶多糖，使茶叶回甘更为明显。最后还应提到，新白茶中的茶黄酮含量原本已经是各类茶叶中最高的，可贵的是白茶在陈化过程中黄酮含量会进一步急剧升高，从一开始的 0.2%，最高可达到 2%，而研究认为高含量和高活性的白茶黄酮更是与老白茶的抗炎功效直接相关。

高茶氨酸的新白茶和高茶黄酮的老白茶口感香气完全不同，在功能上

健康中国茶
Health from Chinese Tea

也是各具特色。新白茶美容抗衰老、降血压和抗菌功效要好于老白茶，而老白茶独特的消炎功效上百年来口口相传，素有"功同犀角"之说，现代科学也逐渐揭示了其中的科学道理。从中我们看出，新白茶和老白茶各有特色，我们不能说老白茶比新白茶更好，它们无论在口味还是功效方面均各有千秋。

白茶的健康功能

白茶是加工工艺最简单的茶，新白茶的茶氨酸含量位居茶叶之首，而老白茶中具有抗炎作用的黄酮含量更高。研究证明，新白茶有明显的抗菌、美容抗衰老等作用；同时，其高含量的茶氨酸具有让人心情愉悦和一定的降血压功效。老白茶是茶叶中抗炎、消炎活性最强的茶叶品类，有着独特的"药用价值"，功同犀角。

白茶的品质特征

白毫

白茶的外表满披白毫，福鼎大毫茶的茸毛晶莹雪白，质量可以达到茶叶干重的10%，因此白茶表面的毫，特别是嫩芽上的白毫是白茶一大外观特征。茸毛中的氨基酸含量高于叶片，因此毫多的白茶氨基酸含量可能更高，味道更鲜爽，使人愉悦。

白茶萎凋、干燥过程中叶绿素的含量降低，转化成其他呈色物质。新白茶比绿茶少了一点绿，多了几分黄色。在白茶加工的萎凋过程中，细胞大量失水，蛋白质被水解，释放出大量的氨基酸，因而提高了白茶的鲜爽滋味，同时也为后期干燥过程中产生香气物质提供了基础。新白茶存放经年之后，伴随着儿茶素的氧化聚合以及氨基酸含量的降低，新白茶带有的少许苦涩味和鲜爽之气逐步转变为老白茶更为醇厚的口感。随着白茶的陈化，儿茶素氧化聚合成颜色更深的茶黄素、茶红素甚至是茶褐素。茶色素逐渐积累，五年、十年的老白茶颜色更深，汤色甚至呈现深红色。

白茶的香气也是白茶重要的品质特征。新白茶香气特殊，毫香重；老白茶香气更为柔和厚重。白茶的香气物质一部分来源于鲜叶，还有很大部分来源于萎凋和干燥过程中多酚、氨基酸、多糖等成分的相互作用和转化。科研工作者将白茶的香气总结为两大类：一类是鲜嫩香，主要是脂类降解产物，有人也将这种香味称作"青草香"，这是一种白茶贴近自然的味道；另一类是清醇香和毫香，主要是芳香族化合物和萜类化合物，这类香气会让白茶有一些浓郁的"花果香"。老白茶的滋味和香气要更为复杂，香浓醇厚并且顺滑，很难形容，只有真正品尝过才能理解它的美。

虽然老白茶和新白茶在汤色、口感和香气上都有差异，但是刚入门的普通消费者很难判断什么茶是老白茶。相信随着科学技术的进步，科研工作者和标准制定者会为大家提供更量化和更科学的老白茶选择标准，规范市场。

白茶的储藏与冲泡

白茶素有"一年茶、三年药、七年宝"的说法，三年以上的白茶可以叫作"准老白茶"，七年以上的则是名副其实的"老白茶"了。由于白茶可以陈化，也就不必将到手的白茶着急喝掉。白茶应当置于没有异味的洁净环境中，低温、干燥、阴凉的环境下保存白茶自然也不错。但白茶的后期转化也需要一个相对旺盛的转化环境，因此白茶常温储存足矣，无需低温。此外，我国南方相对高温潮湿的环境在一定程度上可以加速白茶的陈化，也就是白茶抗炎药用价值的提升。但我们不要额外给茶叶加湿，这种看似聪明的快速陈化会导致茶叶发霉变质，糟蹋了好茶。

白茶中白毫银针嫩度高，因此白毫银针新茶的冲泡可以参照绿茶的冲泡方法。而白牡丹、贡眉、寿眉，以及老白茶等嫩度不是很高，或是不以尝鲜为目的的白茶建议选用茶壶或者盖碗确保能够及时将茶水分离，冲泡时间不宜过长，否则茶叶的青草气和苦涩味都会过重，此类白茶应使用沸水冲泡。

对于有五年以上存放历史的老白茶特别推荐煮饮法。因为苦涩且刺激性强的儿茶素历经多年已经转化为其它物质，含量变得很低，这样的老白茶即便经过长时间沸水煮，口感仍然非常醇和，而且煮后更香更浓，健康功效也更强，怡人心神。煮茶法不仅能让茶变得更好喝更健康，还营造了喝茶的气氛，满屋飘香，其乐融融，很适合家庭和朋友聚会。

乌龙
浓香

乌龙茶又叫青茶。风靡全国的铁观音和气质非凡的大红袍都是乌龙茶，我国台湾高山乌龙也被看作是宝岛的茶叶代表。在我国，乌龙茶是仅次于绿茶的第二大茶叶消费品类。如果用一个字概括乌龙茶的特点，就是"香"，用两个字概括就是"浓香"。不同乌龙茶品种鲜叶中的芳香物质，在经过乌龙茶特有的做青和精细的烘焙加工之后，显现出了丰富且充满变化的"乌龙香"。不仅如此，乌龙茶其实还有着不俗的保健功效。

▌乌龙茶的加工

乌龙茶是将萎凋后的茶叶用外力使叶片相互撞击产生部分破碎，然后再进行部分发酵的半发酵茶。其加工过程包括萎凋、做青、杀青、揉捻和干燥五个环节。其中"做青"是乌龙茶加工的关键环节，做青的程度决定了乌龙茶的特征。做青包括交替进行的摇青和发酵两个步骤。"摇青"可以手工操作，也可以用滚筒操作。要领是将已经萎凋后稍显萎靡的茶叶放置于容器中转动，利用转动时产生的机械撞击力破坏叶片边缘，使酶物质从叶片细胞中释放出来。摇青之后，静置一段时间，使细胞中释放出来的酶在叶片细胞间发生反应。摇青与静置会交替进行，直到做青步骤完成。例如，摇青进行四次，每

日光萎凋

做青

次时间逐渐增加。第一次摇2~3分钟，而后两次摇10~20分钟，每次静置1.5~4小时不等。前两次摇青可以说是揭开了乌龙茶制作的序幕，第三次摇

大红袍叶片

青可以说是乌龙茶氧化发酵的真正开始，而到了最后一次摇青，乌龙茶特有的香气产生，特殊品质才得以显现。做青的程度标志着乌龙茶氧化发酵的程度，如果摇青次数少时间短，乌龙茶的氧化发酵程度就低，反之则高。茶树品种的不同、原料采摘季节和氧化发酵程度的不同共同造就了不同乌龙茶各异的品质特色。

做青之后，茶叶会被杀青以终止叶片内的氧化反应，接下来会如同绿茶一样进行揉捻和烘焙干燥步骤，形成最终产品。通过对做青和杀青的控制，乌龙茶叶片呈现青褐色，而叶片边缘由于摇青撞击破碎而反应剧烈，最终呈现红色。外红里青是乌龙茶的显著特征。乌龙茶加工的最后常有焙火工序，而以大红袍为代表的闽北武夷岩茶的重焙火是一道传统工序，焙火温度最高可达150℃以上，最长时间可达十几小时。焙火让岩茶带有明显的焙火味道，口味很重，因此有迷上岩茶之后再喝其他茶都觉得味淡之说，这与重焙火不无关系。

焙火

乌龙茶的品种

乌龙茶种类非常多，让人眼花缭乱，而且很多品种都有独特的名字，几乎每一个品种名称后面都有着一段美丽的传说，让人不明觉厉。传统分类中，乌龙茶大致可分为闽南乌龙、闽北乌龙、广东乌龙和台湾乌龙四种。闽南乌龙以安溪铁观音最为出名，其细腻的花果香久负盛名。按照加工参数的不同将安溪铁观音大致分为浓香铁观音和清香铁观音两种。安溪也是乌龙茶发源地，原产于安溪的茶树品种就有50多个。除了铁观音、黄金桂、毛蟹、佛手、肉桂、水仙，也都是闽南乌龙的知名品种。

安溪铁观音

安溪茶园

闽北乌龙主要产于福建省北部的武夷山市、建瓯市和南平市建阳区。闽北是我国茶树品种资源最丰富的地区，号称"中国茶叶品种王国"。从大类上有武夷岩茶和闽北水仙两类，其中武夷岩茶家喻户晓，林馥泉1943年调查记载的武夷慧苑岩茶树品种就有279个之

扩大栽种的大红袍

多。四大岩茶之王，分别是大红袍、铁罗汉、白鸡冠和水金龟。岩茶有产地之分，产于海拔高的慧苑坑、牛栏坑、大坑口和流香涧、悟源涧这"三坑两涧"的正岩茶堪称极品。其中大红袍知名度最高，被尊为"茶中之王"。原有大红袍母树三棵六株，植于九龙窠悬崖一石砌平台，旁边石刻"大红袍"三字。目前我们喝到的大红袍都是源于20世纪80年代之后按照扦插繁育（无性繁殖）扩大栽培的茶树。据说大红袍茶可以冲泡9次，茶水仍有特征性的"桂花香"。

广东乌龙以广东潮州的凤凰单丛最为出名，具有特征性的浓郁栀子花香。凤凰镇也是单丛茶的发源地，凤凰单丛早在1915年就获得了巴拿马万国商品博览会银奖。台湾乌龙也久负盛名，其大部分茶树品种由福建引入种植，再加上后期台湾茶叶工作者的研发改良，目前台湾乌龙已有几十个品种，常见的就有十几种。冻顶乌龙是台湾乌龙的代表品种。另外台湾乌龙东方美人茶在台湾乌龙中独树一帜，香气艳丽，名扬四海，因其没有明显的焙火味道外加妖艳的甜香，经常有人把东方美人茶误认为红茶。

第一泡
第二泡
第三泡
第四泡
第五泡
第六泡

大红袍冲泡6次的汤色

盖碗泡凤凰单丛

台湾冻顶乌龙

东方美人茶

乌龙茶的成分与功能

茶多酚、咖啡因、氨基酸和茶多糖同样是乌龙茶的基础成分，但是相比黄茶和白茶，乌龙茶的发酵程度进一步提高，特别是岩茶的发酵程度已经很高，也就是原有天然成分大部分已经转变，使得乌龙茶具备了一些独有的成分特点。

乌龙茶天然儿茶素的含量与绿茶相比已经大大降低，一般铁观音的儿茶素含量不会高于 10%，也就是绿茶的一半以下；有些岩茶的儿茶素含量甚至低于 5%。对应的儿茶素氧化聚合成的茶黄素和茶红素的含量自然较高。更可贵的是，儿茶素相互反应形成了很多乌龙茶特有成分，包括乌龙双烷醇二聚物 A 和 B、乌龙茶氨酸 3' -*O*- 没食子酸酯、乌龙茶聚合多酚、黄酮糖苷 A 和 B、酰化黄酮苷等。现代科学技术还发现了一些只有在乌龙茶制茶茶树品种中才发现的 EGCGG 和甲基化儿茶素等稀有物质。同时，乌龙茶多糖也由于乌龙茶的发酵程度，在结构和活性上别具一格。这些物质从化学的角度诠释了乌龙茶的珍贵。不发酵，这些物质不会产生，但如果发酵过了，变成红茶，这些物质就进一步转化成其它物质而不复存在。

不同的乌龙茶品种，比如岩茶和铁观音，茶叶成分和含量也有所不同。岩茶发酵程度高，因此儿茶素氧化聚合得多，茶色素多，茶汤颜色深。一般而言，铁观音的功效较为接近绿茶，茶性偏凉；而岩茶的功效可能接近红茶，茶性偏温。

絮状咖啡因

另外，高温烘焙后咖啡因会从干茶中升华出来，在表面形成结晶固体，后续翻动茶叶过程中一些咖啡因会损失掉，因此在一些乌龙茶烘焙车间经常能看到结晶咖啡因形成的白色絮状物质飘浮在车间里。总体来说，烘焙重的乌龙茶，特别是岩茶咖啡因的含量比较低，因烘焙而脱去咖啡因。但是，其实岩茶表面会附着一些咖啡因，有时候第一泡岩茶的咖啡因含量也不能低到"低咖啡因"的标准。

近些年乌龙茶的抗辐射和抗过敏功效被愈发关注，这里面的机制很复杂。前面提到试制乌龙茶的部分茶树品种中甲基化儿茶素含量高,其抗过敏活性极强,日本科学家已经开始通过培育品种,期待开发乌龙茶深加工技术,生产抗过敏茶产品,具有良好的应用前景。而乌龙茶抗辐射的作用则与高活性的乌龙茶茶多糖密不可分,但多糖的化学结构组成以及与活性的对应关系非常复杂,关于乌龙茶多糖活性和乌龙茶加工等的关系还有很多研究工作要做。因为乌龙茶的加工讲究"火候",不同程度的加工,使得乌龙茶的成分和品质产生差异,而其相对应的健康功能也就存在差异。如何通过工艺标准化来实现稳定的茶叶品质和功能,这是现代茶叶行业面临的更大挑战。

乌龙茶的健康功能

乌龙茶在发酵过程中形成了以聚酯型儿茶素、茶黄素、茶红素为代表的活性物质群,在健康功效上也别具特色。近些年一些研究指出乌龙茶在抗辐射、抗过敏、预防骨质疏松等方面具有显著作用。咖啡因在高温下会升华损失,因此部分高火烘焙的乌龙茶的咖啡因含量会降低,对睡眠影响减小。但是,乌龙茶的发酵程度不固定,可轻可重,因此它的健康功能会因为发酵程度而有所偏倚。发酵轻的铁观音具有很强的调节血脂作用,而发酵度高的乌龙茶功效与红茶类似,具有促进末梢血液循环温暖身体的作用。

乌龙茶的品质特征

由于乌龙茶的做法各有不同,不同茶叶的品质特色也有所不同。说得简单一些,做青,或说发酵得比较轻,焙火也轻一些,就是清香铁观音;在此基础上加强焙火,就是浓香铁观音。如果做青做得程度高,外加重焙火,就是传统的岩茶品质。台湾乌龙大多更像铁观音,广东乌龙可能焙火轻一些,但发酵重,兼具岩茶和浓香铁观音的特质。铁观音的汤色往往金黄明亮,滋味鲜醇,有所谓的"观音韵",清香的花香更为明显,浓香的表现为焦糖香和果香。岩茶风味上对应有了"岩韵",一方面汤色深而清亮,回甘清甜持久，同时还能体会到乌龙清香与烘焙香的完美结合。

任何人感受乌龙，第一体会就是"香"。乌龙茶的香气与做青工序密不可分，做青过程中茶叶中橙花叔醇之类的萜烯醇类物质在糖苷酶等酶类的作用下形成游离态香气，让乌龙茶呈现出馥郁的花香。岩茶的焙火工序，让岩茶有着让人印象更为深刻的焙火香。由于乌龙茶香气宜人，形容乌龙茶香气的词汇也是五花八门，"桂花香""蜜香""杏仁香"和"芝兰香"等溢美之词比比皆是，这里面既是"老茶人"对不同乌龙茶香气的巧妙提炼，也融汇了他们对乌龙茶浓厚的喜爱之情。

乌龙茶的储藏与冲泡

关于乌龙茶的储藏，首先需要理解"老乌龙"的概念。与"老普洱"、"老白茶"不同，"老乌龙"不是把乌龙茶简简单单放在库里存放几年、十几年就成了老茶。"老乌龙"是指每年进行复焙，就是隔一段时间再进行一次烘焙，周而往复，老茶即具有特殊的味道和功能。因此储存老乌龙是一个过程复杂的技术工作，在工厂里才能实现，我们还是建议乌龙茶买回家后就直接喝掉。普通乌龙茶在保质期内，阴凉干燥存放一年两年，品质变化不会很大。而清香铁观音，由于发酵得轻，容易像绿茶一样因陈化而失鲜。如果短期内不喝，建议放在冰箱中密封储存。

乌龙茶冲泡的关键是及时"茶水分离"，因为泡久了，茶水中的成分不均衡，味道难以接受。除了可以使用普通茶壶，也可以用紫砂壶或者盖碗。乌龙茶讲究闻香，如果用盖碗或紫砂壶冲泡，盖子上的乌龙香也成了让茶客们对乌龙茶十分眷顾的重要原因。

铁观音茶汤颜色

武夷岩茶汤颜色

　　铁观音常用盖碗冲泡，一般投茶量比较大，6~8 克，出水相应要快。传统喝法可以用 3~5 秒润一下茶，然后倒掉水，从第二泡开始饮用。润茶的时间要短，否则大量功效成分就会流失。盖碗冲泡铁观音，可以冲泡 6~7 次。对于岩茶，可以优先采用紫砂壶，也可以选用现代冲泡方法。与铁观音的不同在于，由于岩茶味重，出水要更快，同样可以冲泡 6~7 次。如果用紫砂壶品味岩茶，5 泡之内都要在半分钟之内出水，最后 2~3 泡再适当延长时间。若想达到更好的保健功效，可适当延长冲泡时间，让岩茶氧化发酵产生的大分子茶色素和活性多糖尽可能溶出。

红茶
温暖

　　中国的红茶，亦是世界的红茶。虽然红茶不是中国出口最早的茶，却是在世界上传播最广、影响力最大的中国茶。从正山小种到立顿红茶，红茶无疑是全世界最普及的茶，甚至是最流行的饮品。更有说法，英国的下午茶颠覆了一个国家的生活方式和民族性格。在鸦片战争前后，经过英国和美国、荷兰等其它国家商贸集团的共同努力，在原有中国茶的基础之上培育出著名的锡兰红茶、大吉岭红茶和阿萨姆红茶等品种，古老的中国茶因此正式走上国际舞台。

　　红茶，香、甜、暖。

■ 红茶的加工

　　绿茶和红茶是我们最熟悉的两种茶叶，而这两种茶在加工工艺上却相差甚远，是制茶工艺的两个极端，即所谓的"不发酵"和"全发酵"。红茶的加工有萎凋、揉捻、发酵和干燥四道工序。与白茶、乌龙茶类似，红茶也有萎凋过程，即让鲜叶的含水量降低到一定程度，叶片内细胞失水，变得柔软易碎，这为下一步揉捻创造条件。揉捻除了帮助茶叶外形呈现条索状之外，还有提高最终茶汤浓度，以及帮助下一步红茶发酵反应而释放出内源性生物酶两个重要作用。揉捻可以是手工操作，也可以用机械揉捻。

红茶萎凋

手工揉捻

揉捻程度较高的红茶，第一泡茶汤浓度自然也就高。揉捻的极致是"揉切"，也就是红碎茶所采用的制作方法。

机械揉捻

揉捻之后便是红茶的关键工艺——发酵。这个专门的酶促氧化发酵工序的本质是：经过揉捻后的红茶叶片破损，饱含活性酶的汁液流出，进而活性酶将叶片中丰富的内含物质氧化，转化为其他物质，比如儿茶素类物质就会被充分氧化聚合形成茶黄素等物质。一般发酵堆的湿度高达90%以上，温度在25~30℃。根据原料特点的不同和产品口味需求，发酵时间也不同，工夫红茶和红碎茶的发酵时间大约耗时1~2小时；而一些小种红茶发酵时间较长，需要6~8个小时。选择合适的时机停止发酵，同样也是一门学问。在生产实践过程中，如果发酵过度，茶叶会变酸，而使整批茶叶废掉，如果发酵时间过短，茶叶仍然留有不均衡的"青草"气息，味道很差。中国红茶一般都会发酵到一定程度力求去除不好的青涩味道，但是有些国家的红茶加工往往会发酵很轻，红茶的青草气非常重，单独饮用会难以下咽，需要搭配大量牛奶和糖共同饮用。

随着科技的发展，发酵设备也在不断改良，从一开始的堆积发酵，到后来专门的发酵室、发酵车、发酵架等，这些进步让中国红茶始终保持着旺盛持久的创造力。

发酵结束后即进行烘焙干燥。大部分红茶采用简单的加热烘干，通过加热使生物酶失去活性，以终止发酵过程。如果采用70℃较低的温度烘焙有助于主要化学成分的保留。如果采用较高的温度烘焙，易发生热化学反应而导致内含物质部分减少，但是综合品质又会提升，即所谓的提香作用。一般而言，110℃处理的红茶品质最好，而120℃以上的高温提香处理过的茶叶有"高火味"，茶叶内的主要生化成分会随提香温度的升高先增后降。有些茶厂会采用先低温后高温的组合处理，这对茶叶品质的提升非常有利。

小种红茶需要松柴烘焙，其特殊的"松烟味"由此形成。松柴烘焙这一工序既造就了小种红茶的"松烟香"，也引来了不少争议。一些科研机构质疑烟熏导致多环芳烃物质的产生，会危害健康，这也影响了小种红茶的传播。这一点再次提醒我们，用更先进和科学的生产理念，而非传统经验进行茶叶加工是未来行业发展的必然趋势。

红茶制茶自动化

有一些小种红茶，例如正山小种的传统制作工艺与其他红茶略有不同，在发酵结束后干燥之前加一个"过红锅"，迅速终止发酵，相当于杀青。这样可以防止发酵过度，并蒸发掉一些低沸点的香气物质，与后续的烘焙工序结合，共同形成小种红茶独具特色的香气。当然，随着制茶工艺的不断发展，很多小种红茶在制作过程中也省略了这个工序。

红茶的品种

世界上最早的红茶由中国福建武夷山茶区的茶农发明，名为"正山小种"。红茶按品种可分为小种红茶、工夫红茶和红碎茶。小种红茶是福建省的特有红茶，特点是松烟香气，桂圆味道，有正山小种和外山小种之分，正宗的正山小种产于崇安桐木关，是世界红茶的鼻祖。最早记载可追溯到明朝后期的隆庆年间，至今很多外国茶客也把"正山小种"或武夷茶看作中国茶的象征。近些年在市场上崭露头角的金骏眉就是以正山小种为基础，在21世纪研制成功的一种高等红茶。相比于正山小种，金骏眉全部采用芽头制成，100000个芽头才能生产1千克的金骏眉。用芽头制作的金骏眉红茶味道甜爽独特，受到大多数消费者的喜爱。

工夫红茶名称中的"工夫"二字，一方面指加工的时候下了更多的工夫，二是冲泡的时候要慢慢地花工夫享受。祁门红茶和滇红是我国最出名的工夫红茶，另外福建、湖南、江西、四川、湖北和浙江等地也都是工夫红茶的重要产区。祁门红茶茶汤红艳，其浓郁的香气在世界统称为"祁门香"，是我国传统出口的主要品种。其卓越的品质与祁门地区松透的土质、温和的气候、充沛的雨量及适宜的湿度关系密切。同时祁门红茶历史悠久，制茶技艺不断推陈出新，也是祁门红茶永葆青春的重要原因。另一个不得不提的工夫红茶就是产自云南的滇红。云南大叶种原料内含物丰富，让红茶的氧化发酵进行得特别激烈，香郁味浓，颇具"刺激性"。外形上金毫显露，俗称滇红金边。

红碎茶从 1876 年有了切茶机之后逐渐盛行，加工时以揉切代替揉捻。我们都知道，茶叶揉捻得越充分，细胞破碎得就愈多，茶叶出汤也越快。如果换成了揉切，茶叶里的物质几乎于瞬间就全部被泡了出来，口味自然来得更直接。红碎茶是在印度、斯里兰卡等国发展起来的，它让红茶有了浓浓的工业属性。虽然碎茶失去了中国传统茶看叶形这个关键的步骤，加奶调饮方法更是彻底颠覆了传统的中国茶文化，但是它把茶从文化慢消费无形中推进到现代快消费行列。虽然滋味大打折扣，但并不影响茶叶的健康价值。

金骏眉冲泡嫩芽

祁门红茶

红茶的成分与功能

红茶在氧化发酵过程中儿茶素氧化聚合形成了茶黄素和茶红素，使红茶叶片呈现红褐色，这也是茶汤红润的关键。前面提到过，100 克绿茶中有

滇红金边

10 克以上儿茶素，而红茶中也就剩下其中的不到十分之一了，而增加的是茶黄素和茶红素。

茶黄素是红茶中最明确的特征性成分，100 克红茶中一般含有 1 克左右的茶黄素，也被叫作"红茶黄金"。这 1 克"黄金"对红茶的色、香、味及品质起着决定性作用，是红茶汤色"亮"的根本原因，也是让红茶滋味强度和鲜度达到均衡的关键点。目前已经鉴定出来 13 种茶黄素，多数具有很强的活性，是红茶温暖身体、降血压、调节尿酸等功能的关键。茶黄素再进一步氧化便生成了茶红素，占据红茶干物质总重量的 10% 左右，但关于茶红素的结构和功能研究还没有茶黄素那么清楚。除了茶黄素和茶红素，咖啡因、红茶多糖、红茶黄酮等物质也是红茶重要的功能保健成分。

依据传统概念，我们说红茶是"全发酵茶"，就是儿茶素彻底氧化聚合。但随着时代的发展，我们对"全"字的理解也应该升级了。我们只能说红茶发酵得比较充分，但是远远谈不上"全"，有时为了让茶里的苦涩味多保留一些，有更强的原始茶味，制茶的时候会刻意地缩短发酵时间以便保留一定的儿茶素，这样也阻止了茶黄素的进一步生成。茶黄素含量高，茶叶的颜色也会更亮、更黄，比如斯里兰卡的锡兰红茶就属于"轻发酵"的红茶。如果发酵程度做得比较深，茶红素会更高一些，茶汤就会显得颜色更红、更深。

儿茶素初步聚合形成茶黄素，再到茶红素，这个儿茶素氧化聚合的过程是茶叶加工过程中最重要的化学反应，凉性的茶多酚变成温和的茶黄素、茶红素，鲜爽的绿茶演变成了温暖的红茶。发酵这个看似枯燥的转变过程实则蕴含了无数的制茶精华，而目前大量科学数据也逐渐暗示这个过程或许还有很多东西需要我们再去挖掘。一般认为茶叶的抗氧化活性源于高含量的儿茶素，按照这个理论红茶抗氧化能力应该远低于绿茶，也应该不是白茶和乌龙茶的对手，但数据显示红茶抗氧化活性也很高，在有的方面甚至超过了绿茶。现代科学家认为这种高抗氧化活性与红茶发酵过程中的一些类黄酮和糖苷有关。事实上，这些也很可能都是冰山一角，仍然需要科学家们更深入的探索，茶叶远没有这样简单。

红茶的健康功能

红茶氧化发酵充分,不但不寒凉,还是一味有效的"暖茶",有明确的温暖身心、养胃的作用。同时,红茶的抗氧化作用仍然很强,并没有因为儿茶素的氧化而降低。此外,研究数据显示红茶具有调节餐后血糖、促进尿酸代谢进而辅助防控痛风、调节血压等健康功效。

红茶的品质特征

红茶是红汤红叶,茶汤色泽鲜艳明亮,还有两个容易让人们记住的特征就是"香"和"甜"。红茶香气的产生与红茶的萎凋和发酵两个过程密不可分。鲜叶采摘下来之后,随着水分的流失和营养成分的转变,特别是在萎凋过程茶叶里的脂肪酸变成香味合成物引起了茶叶香气的变化。一般认为茶叶萎凋时间越长,香气物质也就越丰富,而萎凋过程较长的红茶则散发出了成熟的果香或者花香。随着茶叶的逐渐干燥,香气合成物也发生变化,脂肪酸持续分解成香气更浓的多种物质,如带有天竺葵香味的香叶醇,茉莉香的茉莉酮酸甲酯等。红茶的氧化发酵工序让香气物质持续增多,脂肪酸等被降解形成了醇、酸和紫罗酮等香气物质。由于氧化发酵得更充分,这也让红茶和乌龙茶的香气有着明显不同。在参观红茶工厂时,仅仅是工厂里散发的香气,就足以让人为之震撼,流连忘返。

红茶的甜,是指品饮红茶时唇齿间留下的淡淡甜味,是一种自然的感觉,而不是像含糖饮料那种违和感的"添加糖"。红茶的天然甜是儿茶素氧化聚合、红茶多糖分解以及部分甜味氨基酸等物质共同作用的结果,还有红茶中剩余的少量儿茶素对味蕾刺激之后的综合味觉反应。

红茶的储藏与冲泡

红茶的储存并不难,由于最容易被氧化的茶多酚几乎全部发酵,红茶的性质相当稳定,这也就是早期海上丝绸之路通往国外的茶叶都是红茶的主要原因。红茶没必要低温保存，但由于茶叶吸附味道能力强，还是要将红茶密封放在洁净无异味环境中。但是，红茶的香气在储存过程中可能会有所变化，特别是松烟香明显的小种红茶，存放半年以上松烟味会消散许多，取而代之的是更加宜人的干果香。

红茶冲泡也要讲究及时的茶水分离，过久的浸泡容易让红茶滋味略嫌酸涩，久泡味重，因此品饮红茶应优先选用盖碗或者茶壶。如果是烟熏味道重的小种红茶，可以再适当缩短冲泡时间。如果用小型茶壶，建议冲泡3次，茶红素以及红茶中的多糖等物质充分溶解需要2~3次的冲泡，因此为了达到保健功效，切忌一泡弃茶。

红碎茶经常是采用袋泡茶形式，讲究方便快捷，用开水冲泡2~3分钟，就可弃掉茶包，待温度合适时饮用。因为红碎茶揉切充分，所有有效物质在瞬间溶出，味道足，保健成分充分释放。

中国人饮茶，敬畏茶叶的天然风味，至今更喜欢原叶茶，注重纯天然的原汁原味。欧洲人最早接触的是红茶，由于当时运输条件的限制，得不到清新口味的绿茶。当年的红茶都是经过海上长时间的运输，到了欧洲之后，浓度高和口味重，非常适合调饮。根据个人口味不同，奶、糖、柠檬汁、蜂蜜、咖啡甚至香槟酒都可以成为红茶的伴侣。欧美国家调饮盛行，偏爱牛奶红茶。冲泡时先将茶叶放入壶中，用沸水冲泡5分钟之后，将茶汤倒出，加入糖、牛奶或者乳酪。而在俄罗斯，柠檬红茶和糖茶风靡，向滚烫的红茶中直接加入大量的糖、蜂蜜和柠檬片，重口味彰显强悍的俄罗斯风尚。

红茶袋泡

袋泡奶茶

黑茶
醇熟

　　《中国茶叶大辞典》对黑茶的定义是："原料粗老、制造过程中堆积发酵时间较长，成品茶色呈油黑或黑褐色的茶种。"历史上黑茶主要供西北少数民族饮用，所以又称"边销茶"。随着科技的发展，我们对黑茶有了更多的认识和更深的理解，黑茶可以看作是微生物与茶叶的一次美丽邂逅，丰富醇厚的口感和独特明确的保健功效让黑茶受到越来越多消费者的青睐，同时黑茶的收藏价值也让黑茶具有了浓郁的"文化属性"。

■ 黑茶的加工

　　黑茶又称后发酵茶。之所以称为"后"发酵，是相对之前乌龙茶、红茶的氧化发酵而言，它是一个由微生物参与的过程。传统黑茶生产工艺包括杀青、揉捻、渥堆和干燥，根据不同的黑茶品类，后续可能还会有第二次渥堆，以及陈化等步骤。"渥堆"是黑茶特有的生产步骤。渥堆就是通过将茶叶堆积，并加水，在一定温度条件下促使环境周围的微生物在茶叶

渥堆

茶马古道

上快速生长繁殖。微生物包括各类酵母菌、曲霉菌和细菌,这些微生物形成了一个茶叶制作团队,它们在生长的过程中消耗了茶叶里的糖、脂肪、蛋白质、氨基酸等,并分泌出帮助茶叶成分改变的有益成分和一些具有特殊风味及保健功效的小分子物质。比如将茶多酚氧化聚合成茶黄素、茶红素,及至茶褐素,将纤维水解成可溶性多糖等。渥堆时间短则几个小时,最长可能要持续数月。

关于黑茶制作工艺,不得不谈"茶马古道"上的黑茶传说。茶马古道起源于唐宋时期的"茶马互市"。康藏隶属高寒地区,海拔三四千米以上,糌粑、奶类、酥油、牛羊肉是当地居民的主食,几乎没有蔬菜。居民在长期的生活实践中创造了喝酥油茶消食解腻的高原生活习惯,有"宁可三日无粮,不可一日无茶"之说。但是,康藏地区并不产茶。在内地,民间役使和军队征战都需要大量骡马,供不应求,而藏区和川、滇边地则产良种战马。于是,具有互补性的"茶马互市"应运而生。这样,藏区和川、滇边地出产的骡马、皮毛、药材等和川、滇及内地出产的茶叶、布匹、盐和日用器皿等，在横断山区的高山深谷间南来北往，流动不息，并随着社会经济的发展而日趋繁荣，形成一条延续至今的"茶马古道"。由于运送路程遥远，茶叶往往被压制成茶砖、沱茶等形状以便运输。茶商发现，在运送过程中，茶叶的品质会受到气候的影响，特别是赶上运送途中阴雨连绵，茶叶往往会受潮。起初受潮的茶叶都会被遗弃，造成浪费，但后来茶商和藏民无意中发现有些受潮的茶叶往往具有特殊的香气，冲泡起来滋味更加醇和，有些时候这些受潮的茶叶更受藏民等边疆地区人民的欢迎和喜爱。茶叶受潮也就是如今"渥堆"工序的原形。

黑茶的品种

不同的黑茶因产地和工艺不同而产生不同的味道和健康功能。各地制茶使用的原料不同，更关键的是各地的微生物种类不同，微生物作用的时间和条件也不同，导致各地的黑茶各具特色。比较出名的黑茶包括云南普洱熟茶、湖南安化黑茶、广西六堡茶、湖北青砖茶、四川边茶、陕西泾渭茯茶和安徽黑茶。黑茶往往都是地理性标志产品，要求用当地的原料发酵精制，比如安化黑茶用安化云台山大叶种制作，广西六堡茶用苍梧县群体种和广西大中叶种制作。作为历史的延

各地黑茶

云台山大叶种

续，一般当地的原料一定是用来生产本地的相应品种。但事实上，后续的发酵工艺对茶叶的品质影响更为关键。试想上百种微生物通过几天甚至几个月的时间改造茶叶成分，不同品种茶叶有限的成分区别很容易就被微生物和相应匹配的发酵工艺抵消了。微生物来源于发酵当地自然环境，因此

我们认为黑茶生产的地点比黑茶原料的产地和品种对最终品质的影响更大。

前文提到云南普洱茶有生茶熟茶之分，普洱熟茶属于黑茶，但生茶不属于黑茶类别，下一章节会单独介绍普洱茶。

湖南安化黑茶包括三个特色品种。一个是千两茶，紧压而成柱形，高度

千两茶

超过 1.5 米，直径 20 厘米，外包装一般以竹黄、粽叶、蓼叶捆扎，重 36.25 千克，合旧制 1000 两，被誉为"世界茶王"。因其外表的篾篓包装成花格状，故又名花卷茶。以千两茶为原形，还有小型的十两茶、百两茶和大型的万两茶。千两茶在紧压制作为柱形之后，

要经过四十多天的"日晒夜露"，方为成品可以出售，这一步骤让其进一步发酵，滋味厚重。目前的千两茶仍然采用古法制作，由 10 个左右的壮劳力人工压制。这种原始的生产方式极大地限制了产量，因此千两茶与其说是饮品，

不如说是湖南安化黑茶的文化象征，很多人用它来做镇宅之物。第二种安化黑茶是天尖茶，在黑茶中属于原料嫩度比较高的一个茶叶品类。明清时代也被作为贡品。这也告诉我们，只要有渥堆的工序，经过微生物作用的茶叶都是黑茶，原料不一定粗老，发酵度也不一定很高，一般天尖的儿茶素氧化程度与乌龙茶相当。第三种安化黑茶是茯砖茶。这种茶的加工要经

茯砖茶

过独特的"发花"工序之后将茶压制成砖。金花是茯砖茶的标志，就是在茶砖中间有肉眼清晰可见的金黄色的物质散落分布，俗称金花。传统的发花工序只能在三伏天完成，因此这种砖茶被称作"茯"砖，茯砖茶也叫"金花黑茶"。茯砖茶的发花工艺步骤是首先要在长年制作茯砖茶的厂区渥堆

金花

数小时，然后压制成砖放置在高温潮湿的发酵房20多天，最后烘干为成品。在长年生产金花茯砖茶的厂区，环境中飘浮着大量的能够形成金黄色孢子的曲霉菌，这些发酵菌也被称为"金花菌"。冠突散囊菌是金花菌中被研究得最多的一种。冠突散囊菌或金花菌是茯砖茶在后期发酵过程中绝对的优势菌，其数量远超其他所有的微生物，因此一般茯砖茶都带有金花菌生长过的特殊"菌香"。近两年市场上逐渐涌现出"金花白茶"和"金花大红袍"等茶叶，就是利用白茶或者大红袍的原料进行"发花"。其实经过了发花，也就是经过了微生物发酵，这些茶已经不是原料茶的种类，都应归类为"黑茶"更合适。科学家们通过现代微生物技术研制出了"散茶发花"技术，不光砖茶可以发花长出冠突散囊菌，散茶同样可以变成神奇的"金花黑茶"。目前更有科技人员使用了纯种发酵技术，使得金花黑茶变得更卫生、菌香更浓、功效更明确。2017年，中茶公

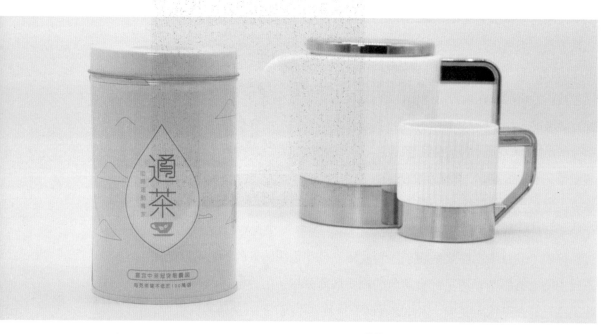

通茶

司率先在香港推出了一款用 8730 冠突散囊菌纯种发酵的黑茶散茶产品，产品名为"通茶"，每克通茶含有 100 万个以上 8730 冠突散囊菌，具有明确的润肠通便和降脂减肥功效，深受香港消费者喜爱。

六堡篓子

广西六堡茶是另一类颇具特色的黑茶。六堡茶产自广西梧州，从晚清开始出口南洋地区，成了两广、福建和海南中国工人在南洋打工时解渴去瘴、消暑祛湿的不二之选。从六堡镇出发，顺东安江而下进入贺江，再进入西江，进入广东，从广州进入港、澳、南洋及世界各地，形成了一条"茶船古道"。六堡茶的加工工艺也有其特色，一是渥堆发酵时间长，最长达数月至半年之久；同时，六堡茶在出厂前紧压后有数月不等的后期陈化，当地特殊的微生物环境和气候特点让六堡茶进一步转化，其形成的特殊窖仓味让人印象深刻。同时，篓装六堡茶独特的包装也让人过目不忘。正是六堡茶特殊的微生物制造环境、渥堆发酵方法以及后期陈化工序，让六堡茶具有了其他黑茶不具备的强祛湿功效。

黑茶的成分与功能

渥堆发酵过程中，微生物利用了茶叶里的蛋白质氨基酸、粗纤维糖等营养物质，帮助茶叶进行了一次较为充分的成分转变。不同种类的黑茶，参与发酵的微生物不同，发酵程度不同，成分转化和品质也呈现出很大的差异。比如安化黑茶的天尖茶，原料渥堆的时间也就十几个小时；而茯砖茶，最后的发花工序中主要是冠突散囊菌一类微生物在发酵，这类发酵时间较短或是微生物种类比较单一的发酵，茶叶成分转变得相对小，还保留了鲜叶中的部分原始度较高的活性成分；但是像六堡茶这类长时间大量微生物发酵的黑茶，原始的茶叶成分几乎彻底被颠覆了。

发酵过程中，儿茶素不仅形成了茶黄素和茶红素，还聚合成了更大分子的茶褐素，茶褐素是黑茶重要的功效成分之一。但是，客观评价，茶褐素是一类大分子多酚的统称，不同茶叶发酵，甚至是同一种茶叶不同批次的发酵产品都不能保证茶叶中茶褐素结构的统一，茶褐素中哪些具体物质是有作用的，进入体内是如何代谢的还有待更深入的研究。将黑茶的功效等同于其主要呈色物质"茶褐素"的活性，是片面且不正确的。此外，黑茶的茶多糖也对黑茶的保健功效起到关键作用，微生物将大分子的果胶和纤维素等降解成大小不同的各类"多糖"，不同的微生物转化形成的多糖也不同，它们对应了不同黑茶的不同保健功效。

不同黑茶加工的条件和微生物种类不同，因此不同黑茶中含有各自独有的特征性物质。比如茯砖茶被"金花菌"加工后形成的特殊成分，被命名为茯茶素 A 和 B。还有人从黑茶中鉴定出他汀类物质，与黑茶降血脂功能密切相关。不同黑茶成分有所差异，因此功能也不可一概而论。总体来说，后发酵茶在降"三高"和调理肠胃方面比其他茶类有优势。而像茯砖茶的润肠通便和六堡茶独特的祛湿作用均与其发酵过程中特殊的微生物关系密切。在这里需要特别指出，有人说我们泡茶会烫死茶叶里的微生物，那么黑茶是不是就没有功效了？其实不然。茶叶中的菌可以称作发酵用菌，它们在黑茶发酵过程中产生了诸如茯茶素和他汀类物质等物质，是这些物质让黑茶有了特殊的保健价值，而非这些菌本身，它们的使命在茶叶生产结束之后也就随之完成了。

黑茶成分中值得一提的还有咖啡因。民间有一种说法，黑茶的咖啡因含量低，所以喝黑茶不会睡不着觉。其实这种说法只说对了一半。如果对黑茶进行成分检测，其咖啡因含量与其他茶叶大致相同，微生物在发酵过程中不会将咖啡因分解去除。但是喝黑茶，特别是发酵重的六堡茶等确实对睡眠影响小，原因是茶叶发酵过程中形成的大分子物质与咖啡因结合，影响了咖啡因在体内的代谢，导致咖啡因作用降低了。即便是绿茶，茶叶中的一些物质也会减缓咖啡因在体内的利用，因此虽然一杯浓茶中咖啡因的含量与一杯普通咖啡相当，但是有一些身体比较敏感的人都觉得喝咖啡提神迅速但持续的时间短，而喝茶提神可以坚持更长时间。

▊黑茶的健康功能

黑茶属于后发酵茶，其健康功效不仅源于茶叶中的成分，也源于各类发酵微生物所产生的丰富代谢产物。目前研究认为黑茶普遍具有调节肠胃的作用，并在保肝护肝、降脂减肥和防控"三高"方面具有特色。不同黑茶产区原料的不同，各地的微生物生态也存在差异，使一些黑茶又有其独特的功效，例如安化黑茶中带有"金花菌"的茯砖茶在润肠通便、调节餐后血糖方面功能突出，而广西六堡茶则是公认的"祛湿茶"。

▊黑茶的品质特征

黑茶汤色普遍较深，口感醇厚，回甘缓慢，口味随发酵度的高低有所区别。微生物作用少的，汤色更加偏向黄、橙，如安化黑茶天尖茶。这样的黑茶冲泡时间久，还会略带苦涩味，残留的少量儿茶素的苦涩味仍然会凸显出来。发酵更为充分

天尖茶汤色

的，比如六堡茶，汤色则是红、褐，苦涩味几乎彻底消失了。

与醇厚回甘的口感相匹配的是黑茶的香气。早先边疆牧民的煮茶习惯，会让这个特点放大，屋中浓郁的黑茶香让其不仅是膳食的健康补充，更是一种精神享受。黑茶的标志性香气很大程度来源于微生物发酵，因此很多人将黑茶的香气称为"菌香"。 饮黑茶，实际上是在享受"茶叶益生菌"在发酵过程中为我们再造的香气和醇和的口感以及黑茶特有的保健功效。

▊黑茶的储藏与冲泡

黑茶适合收藏，陈年老茶滋味甚佳。 由于黑茶中微生物的转化在存放过程中一直在进行，因此黑茶很有收藏价值。虽然渥堆发酵这道工序已经帮助茶叶完成了第一次，或说绝大多数的物质转化，但是黑茶里自身的酶

和夹带的微生物都还保持着一定的
生命力，在存放过程中继续帮助茶叶
进一步转化，使得滋味变得更醇和。
此外，黑茶在存放过程中微生物发酵
带来的所谓"仓味"会逐步消散变
化，让黑茶的香气变得更容易被大家
接受。湖南安化第一茶厂的百年木
仓具有天然的保藏黑茶的独特优势。

百年木仓

百年木仓与当地环境浑然一体，对温度、湿度和环境微生物的保持都具有
天然的控制，堪称一绝。传统制作黑茶的原料粗老，粗硬叶梗的存在使得
紧压茶的内部持续有少量空气进入，帮助黑茶在漫长的存放过程中进一步
地转化。但是为迎合目前更为多元化市场的需求，现在的流行趋势是制作
黑茶的原料越来越嫩，紧压之后品质和口味也大有不同。需要指出的是，
此类茶的文化属性远远大于其消费属性，对于大多数普通消费者，我们很
难判断一款黑茶的年份，购买老茶亦需谨慎。我们在家中存放黑茶时，还
是应该本着洁净的原则，在温湿度适宜的环境下保存以便让黑茶慢慢转化。
黑茶常温储存足矣，无需低温。此外，我国南方相对高温潮湿的环境在一
定程度上可以加速黑茶的陈化，提升黑茶的品质。但我们不应自行给茶叶
加湿，这种做法容易适得其反，有导致茶叶霉变的风险。

　　黑茶中的小分子成分已经很少，更多的是大分子的氧化聚合物，因此
泡黑茶应使用沸水，尽可能将其中的功效物质冲泡出来。

千两茶

黑茶冲泡除了可以使用茶壶，
也可以用紫砂壶或者盖碗，以确保茶
水的分离。对于紧压茶，例如茯砖茶、
千两茶等，应准备一把茶刀用于撬
茶。茶叶撬开后投入茶壶中，可先用
沸水洗茶 1~2 次，每次 5~10 秒钟。
黑茶十分耐泡，取决于每次使用的茶

黑茶茶汤

量和水量，一般可以反复冲泡 5 次甚至更多次。黑茶中的大分子如茶褐素和茶多糖等的溶出速度较慢，建议饮用黑茶时至少品饮前 3 泡，这样才能把有效的健康成分溶入茶水，不至于浪费。刚刚喝黑茶的"新茶客"往往觉得黑茶口味重，有"霉味"，也就是发酵中产生的"仓味"。这样的消费者早期可以添加牛奶、蜂蜜甚至是红糖调饮。其实黑茶不苦涩，只是味道比较特殊，但一般在试饮一段时间之后，大多数人会接受进而开始喜爱。很多常饮茶的人，在喝惯了重口味的黑茶之后，会觉得其他茶"不过瘾"。

对于黑茶，特别是存放了几年的黑茶，口感滋味会更加醇和。与老白茶相似，煮饮的效果更好。煮茶不但使滋味别样，同时煮饮法可以使黑茶中的宝贵成分溶出更多，反复煮饮 2 次带来的保健功效更加明显。煮饮法是黑茶最传统的饮用方法，边疆牧民至今都是煮黑茶喝。

普洱
霸气

普洱茶主要产于云南省西双版纳、临沧、普洱等地区，名字以地理名称"普洱"来命名。近二十年，普洱茶十分火热，于品饮，于文化，于收藏，于健康。"古树茶""老普洱"和"去油腻"等很多关于普洱茶的概念应运而生，临沧、普洱、西双版纳、保山等地的普洱茶产区也都成了茶旅游胜地。普洱茶有生茶熟茶之分，自成体系，无论从消费市场还是加工工艺都不应该把普洱茶强行归入黑茶。中国茶原料的丰富搭配、加工过程的奇妙变化以及历久收藏的陈香转化，都在普洱茶上显现了出来，可以说普洱茶是复杂的中国茶的一个完整缩影。

▌普洱茶的加工

普洱茶有着自己单独的国家标准《地理标志产品 普洱茶》（GB/T 22111），足见普洱茶在中国的影响力。国标规定，普洱茶的原料一定是"云南大叶种晒青茶"。可以看出，符合普洱茶的标准需要满足两个关键点：一是云南乔木大叶种，二是晒青工艺。云南乔木大叶种茶树栽培于低纬度（北纬27°以南）、高海拔（1000米以上）地区，充分享受了云南热带亚热带"立体气候"，冬无严寒、夏无酷暑，雨量丰沛，光照充足，而且昼夜温差较大。同时云南地区深厚肥沃的土壤有机质含量高，非常适合茶树生长。云南乔木大叶种茶叶原料内

乔木大叶种茶树

含物丰富，外加普洱茶特殊的加工工艺，造就了普洱茶独特的品质。因此，如果想用其他小叶种的原料模仿普洱茶制作工艺生产普洱茶，只能做到"类似"，在香气、滋味和保健功效等多方面仍与真正的普洱茶无法比肩。

不同于其它类别的茶叶，普洱茶有"生""熟"之分，区别在于制作工艺。

晒青

普洱生茶经过杀青、揉捻、晒青三个主要的初制步骤，后续再经过精制、压制和干燥就完成了普洱生茶饼的制作。普洱生茶的揉捻要掌握火候，如果揉捻过度的话，普洱生茶丰富的成分释放过快反而会导致茶汤不够清亮。普洱生茶制作工艺中并无黑茶的渥堆工序，因此把生茶划分为黑茶是错误的。普洱生茶独特的晒青工艺使茶叶中的酶保持了活性，而开放性生产环境中丰富的微生物也会在加工过程中进入茶中，因此茶叶在结束制作之后仍保持了"生命"。这些天然的生物酶和微生物会在后续的储存过程中继续将原本就非常丰富的内含物进一步转化，使得久存的老茶口感更为醇和舒适，"老普洱"因而成为最具有收藏价值的茶叶藏品。

普洱熟茶在20世纪70年代才出现，则属于典型的黑茶。它以晒青茶为原料，也就是普洱生茶为原料经过一个月以上的渥堆发酵，环境中的微生物集中在此期间进入茶堆并促使丰富的成分转化。研究者发现，普洱熟茶发酵过程中大约有几百种微生物参与，包括酵母类、曲霉菌和细菌类微生物。它们在长达30~50天之内的多个发酵周期中交替成为优势菌，最终共同缔造了普洱熟茶的品质和保健功效。有时老茶客能品味出不同茶厂生产的普洱熟茶的差别，比如说这个茶有着浓浓的"勐海味"。不同工厂生产的不同熟茶的品质区别就源于不同工厂长期发酵普洱茶所形成的各自独特的环境菌群，再次印证了黑茶的品质不仅取决于原料、工艺，更取决于微生物的种类与分布。其实熟茶的发明源于人们对"老生普"的追求，20世纪70年代，中茶公司昆明茶厂率先研制了熟茶人工发酵技术，其本意就是为了加速普

普洱茶

洱茶的陈化，加速普洱生茶变成"老"茶。这种技术时至今日仍在不断改善，但在当时已经实属不易，可以称作是普洱茶历史上的一次科技革命。

普洱茶的品种

普洱茶可以按照生茶、熟茶分类之外，还有一种更为粗犷直接的普洱茶分类方法就是按照外形分类，如普洱散茶、普洱砖茶、普洱饼茶、普洱沱茶等，其中以饼茶最为流行。饼茶以普洱散茶为原料，经筛、拣、高温消毒、蒸压定型等工序制成，成品呈圆饼形，直径21厘米，顶部微凸，中心厚2厘米，边缘稍薄，为1厘米，底部平整而中心有凹陷小坑，每饼重357克（约7两），以白绵纸包装后，每7块用竹笋叶包装成1筒，

七子饼

刚好每筒2.5千克，这是为了方便以前茶马古道上的茶商计算重量，包装整

体古色古香，宜于携带及长期储藏。"七子饼"茶象征着七子相聚圆圆满满，畅销于我国港、澳、台及东南亚地区，有"合家团圆"的含义。

普洱生茶和熟茶加工工艺截然不同，一个是围绕原料做文章，一个讲究的是发酵工序，因此生茶和熟茶的分类方法自然不同。

普洱生茶可以简单分为拼配茶和纯料茶。所谓拼配茶，就是利用不同季节、不同品种、不同区域甚至是将不同年份的云南晒青毛茶进行混合，让口感达到最佳，一般这种茶价格也比较适中。纯料茶就是茶叶原料全部来自于某一个特定区域，主要是指一些"知名山头"的茶，因此这些生茶又唤作"山头茶"。山头茶的价格昂贵，市场概念十足。作为高山茶，这类茶内含物质极为丰富，味道确实惊艳，茶客称之为"霸气"，是品饮收藏的极品。传统上有"曼撒、蛮砖、攸乐、倚邦、莽枝、革登"古六大著名茶山。传说三国时期蜀汉丞相诸葛亮走遍了六大茶山，留下很多遗器作纪念，六大茶山因而得名，可谓历史悠久。严格地说，古六大茶山并不是六座山，而是六个普洱茶产区，均在最南端的西双版纳。古六大茶山之外，近些年，班章、易武、巴达、布朗、南糯、景迈、勐库和邦崴等茶山也在普洱茶界声名大震。每个茶区还有更为精确的村寨产地，比如近年的十大名寨包括冰岛、那卡、刮风寨、弯弓、昔归、麻黑、困鹿、曼松、老曼峨等，信息量极大。如果不是对普洱茶非常痴迷，很难记得清楚每一个名字和特征。近些年最风光、最为众人所知的当属老班章了。班章村位于西双版纳州勐海县，声名远扬，进入班章村看一眼老茶古树似乎都成了一种奢侈。云南普洱茶分布在临沧、

班章村

大乔木古树

普洱（原思茅）和西双版纳三个行政区域（见彩页），如果按照地理环境可分作东南和西北两个产区。一般而言，西北茶区的茶滋味香气较"刚"，而东南茶区的山头茶滋味较"柔"。民间素有"班章为王，易武为后"之说，从侧面反映出不同名山纯料普洱生茶的名贵及差异。这些纯料的山头茶，尤其是老茶，价格极为昂贵。近些年还有人将这些昂贵的普洱茶化作金融产品，用来当作保值、升值的藏品。品饮纯料山头茶是一件很有"技术"的工作，如果不是曾经品评并比较过各种极品，很难判别不同山头的差异。有趣的是，但凡品饮几次之后，大多数人都能够鉴别出纯料山头茶的好，价格高的好茶的确能够被大多数人所识别出来。可以说好茶与普通茶叶在滋味上的差别还是非常明显的，只是还没有任何研究来判断好茶与普通茶是否在健康功能上也有差异。事实上，现代科学技术完全有能力做到分子水平的鉴别，只是还没有科研工作者非常系统地深入研究并拿出鉴别的标准方法。这是茶叶行业的遗憾。

班章　　　　　　　　易武　　　　　　　　冰岛

普洱熟茶的制作精华在于发酵工艺，因此一般会选用拼配或是等级一般的生茶作为发酵原料，无需奢侈地用"山头茶"来生产熟茶。正因如此，普洱熟茶的分类如果还以原料产区为依据就不合适了。茶叶界往往用发酵工厂的地理位置来分类，如"勐海味""下关味""昆明味"等。有趣的是，在市场上，大家可以看到很多普洱熟茶的名称是数字，比如"7581""8592"和"8663"等，这些数字的最后一位就是发酵工厂的代码，1是昆明茶厂，2是勐海茶厂，3则是下关茶厂。前两位数字代表茶叶拼配"配方"的发明

7451

年份，第三位数字代表生产熟茶的原料毛茶等级。比如 7451 完整的含义就是 74 年的配方，主要原料的等级是 5 级，生产于昆明茶厂。这些数字看似高深，其实它作为了一种通用代码，传承着普洱熟茶的历史。

随着多元化的消费需求，现在也出现了"山头熟茶"，就是用高等级的生茶原料生产普洱熟茶，这应该更多是针对某些消费者特殊的"山头情节"才出现的产品。此类产品在香气滋味上略显突出，但原料的多数特征还是被埋没在一个多月的发酵过程中，作者个人认为有些可惜。

普洱茶的成分与功能

普洱生茶和熟茶的成分有着天壤之别，甚至可以说是茶叶的两个极端。普洱生茶内含物质丰富，是内含物最多的茶叶品种。使用"水浸出物"这个专业名词来解释内含物质最为直观，就是能被水泡出来的所有总物质的干重，也就是从一杯茶水里我们能够摄入的茶物质总量。随着茶叶氧化发酵程度的增加，水浸出物会减少，普洱生茶的水浸出物往往都在 40% 以上，甚至有的山头茶超过了 50%。其他茶叶品类中绿茶的水浸出物含量最高，一般在 35% 左右，其它茶类更低。虽然水浸出物的多少不完全等同于茶叶品质的高低，而茶叶保健功效的强弱也是茶叶里物质成分共同作用的结果，但是更浓的茶水让普洱生茶"赢在了起跑线上"。普洱茶浓烈的特点本身就已经使其独树一帜，同时也为后期转化提供了充足的物质，也就是说茶叶里酶和微生物的"粮食"更多了，可以创造出更多的"新成分"。普洱生茶的内含物质多，意味着其中的茶多酚、儿茶素含量也很高，同时咖啡碱、氨基酸、多糖等活性成分也高，其保健功效相当于是绿茶的"加强版"，因此新普洱茶的茶性也是更为"寒凉"。由于普洱生茶浓，是最容易造成"茶醉"的茶叶品种。建议不要空腹饮浓茶，以免发生低血糖而头晕。

随着普洱生茶的陈化，酶和微生物充分转化生茶中丰富的物质，水浸出物含量开始降低，儿茶素等也转变成了茶黄素、茶红素和茶褐素。一款三十年的老生普，茶褐素的含量极高，茶汤也从一开始的黄色，变成了红褐色。在这一过程中，还生成了更多的没食子酸、活性更强的茶多糖和黄酮等。有人可能会问，老生普的成分是不是与普洱熟茶的成分类似，其实也不尽然。老生普的物质转化是长期缓慢发生的，是由酶和微生物共同完成，而普洱熟茶的物质转化是通过人为控制的快速微生物发酵来完成的，微生物作用的强度和时间都不同，物质转化的结果也不同。截至目前，再高深的普洱熟茶发酵技术也替代不了时间对普洱生茶的雕琢与磨砺，其中缓慢形成的物质群组无法完全模拟。事实上，从科学的角度，我们对普洱生茶物质的变化规律还了解得太少，而对这两种茶的成分结构的分析仍然处于初级阶段，有待更多的研究来揭开其中的规律。

普洱熟茶不仅有其它后发酵茶的标志性成分没食子酸和茶褐素等，还有很多形态活性尚不清楚的茶多糖。另外，在普洱熟茶发酵过程中特殊的微生物菌群造就了很多小分子的儿茶素和黄酮衍生物，它们具有很强的活性，与普洱熟茶促进消化等功能的产生密不可分。例如：普洱熟茶中出现两种新的黄烷-3-醇衍生物，被形象地命名为普洱素A（puerins A）和普洱素B（puerins B）；此外金鸡纳素 lb、山奈酚、槲皮素、杨梅素和多种黄酮苷都是普洱熟茶产生功效的重要成分。还有报道称普洱熟茶发酵过程中会产生洛伐他汀，是普洱熟茶降脂功效的关键。由于普洱熟茶发酵过程复杂，至今茶叶发酵工业的标准化程度也比较低，因此不同批次普洱熟茶中这些小分子物质含量会差别很大，极大影响了普洱熟茶保健功效的稳定性。

普洱茶的健康功能

普洱茶有生熟之分，生茶可以被看作是"绿茶加强版"，茶性寒凉，在减肥、抗肿瘤、降三高等方面甚为突出，陈化的老生普功能更为卓越。普洱熟茶的功效与黑茶更为类似，茶性温和，在调理肠胃、降脂减肥、调节血糖方面作用显著。

普洱茶的品质特征

普洱茶茶汤橙黄浓厚，香气高锐持久，香型独特，滋味浓醇，经久耐泡。国标中规定普洱生茶的茶多酚要高于28%，而熟茶则是要小于15%，这个数据用最直观的方法告诉我们：生茶浓烈，取之天然；熟茶醇和，重在发酵。

　　生茶的颜色黄中带绿，根据品种的不同，也有的普洱生茶新茶汤色呈现金黄色。伴随着长时间的陈化，普洱生茶会出现黄红色，最终呈现琥珀色或者酒红色，当然这样的老茶对于普通消费者可谓难得一见。新茶的味道难免会有一些苦涩，高含量的儿茶素在赋予我们保健功效的同时，会饱含其浓郁的气息。但是优质的普洱生茶入口后，除了初始的苦涩味，马上会有回甘，三五分钟后这种天然淡甜的回甘还能留在口中。因此浓醇的回甘也成了好的普洱生茶的典型品质特征。此外，普洱生茶清香浓郁，随着年份增加清香口味会逐渐转变成更为绵柔的甘甜。

生茶汤色　　　　　　　　　　　　　　熟茶汤色

　　熟茶的汤色深红至红黑。传统的普洱熟茶发酵度极高，颜色之深基本也达到了茶叶能达到的极致。由于儿茶素大量氧化聚合，苦涩味全然不见，转化为顺滑的口感。普洱熟茶的香气更为特殊，可谓成也香气，败也香气。很多消费者初识普洱熟茶，都被其浓浓的"仓味"吓跑，这种香味往往会在存储过程中逐渐降低，取而代之的是更为宜人的"樟香""枣香"或者"参香"，有人也将这种重重的香气概括为"药香"。久而久之，普洱熟茶的"药香"已然成了普洱熟茶老茶客迷恋的最重要原因。

普洱茶的储藏与冲泡

　　普洱茶的收藏是一个热点话题。对于生茶，在初加工的时候没有发酵工序，凭借着在空气中自然氧化和茶叶上微生物的作用，生茶在几十年的存放过程中不断转化向好，因此老生普价值连城。毫无疑问，普洱生茶是迄今为止最具收藏价值的茶。南方天气潮湿，普洱生茶转化得更快，在北方和南方保存同样年份的普洱生茶，会出现不同结果，藏于北方的会更显刚烈，藏于南方的更显柔和。但是我们对"湿仓存放"一定要谨慎，不应该一味追求普洱生茶的转化速度，却忽略了食品安全这一基本原则，很多产品的霉变都是在这个过程中出现的。收藏一两饼好茶，存在家中，慢慢等待岁月的变化，这也未尝不是一种浪漫。如果我们不自己收藏而是直接买老茶，这就需要具备一定的鉴别能力。对于普洱熟茶，由于发酵得很充分，其实后期转化的价值不大，但是随着存放时间，熟茶的"仓味"会有所消退，味道会变得更容易被接受。

传统上，普洱生茶或熟茶饼撬出来后用紫砂壶或者盖碗进行冲泡，让普洱茶的香气得到充分体现，当然也可以用茶壶冲泡。普洱茶，无论是生茶还是熟茶都十分耐泡，如果用小紫砂壶泡 4 克茶，好茶甚至可以泡 20 次。我们建议至少品饮前三次以保证有效成分充分摄入，因为生茶中一些大分子的茶多糖，熟茶中的茶褐素和一些小分子活性物质可能在第二泡或者第三泡中才充分浸出。

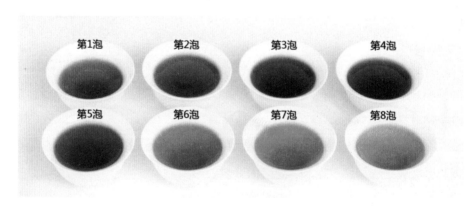

普洱茶耐泡（8 泡颜色）

对于老生普，特别是存放了五年以上的生普，口感滋味不会像新茶那样猛烈，使用煮饮法在口味和健康功能方面的效果都表现最好，每 4~8 克茶可以至少连续煮饮 2 次。

花茶
怡神

　　花茶不属于传统的六大茶类，而是属于再加工茶。之所以称之为"再加工"，是因为花茶使用已经成品的茶叶作为基底（茶坯），经过茶叶和香花的结合工序制作而成，此道工序称为"窨（xūn）制"。窨与熏字同音同义，但是由于方言的关系，目前大多数制茶人把它念做印（yìn）。也正是这个步骤形成了花茶最鲜明的特质——茶香花香相映成趣。在中国北方、四川、广西和福建等地区都有很大的花茶消费市场，这其中茉莉花茶最为盛行。由于花茶香气怡人，它也是一剂舒缓压力、改善心情的"良药"。

■花茶的加工

　　与其它种类的茶叶一样，花茶的加工工艺是我国在长期的茶叶生产和饮茶生活实践中逐步形成并固化下来的。在唐代陆羽《茶经·六之饮》中就有向茶叶中加入调料、改善茶叶口味的记载，其实就是花茶的制作雏形。

窨花

真正的花茶制作始于明朝，在清朝得到了完善，开始体系化制作并大量流通，福州在清朝时期就已经是花茶的中心。

花茶制作的关键环节是窨制，即是将鲜花和茶叶拌和，在静止状态下茶叶缓慢吸收花香，然后除去花朵，将茶叶烘干成为花茶。窨制首先需要掌握的是花与茶的用量。花多则太香，茶味不在；而花少则不香，茶不尽美。传统上使用三分茶、一分花。

鲜花窨制的过程被人们形象地称为"一吐一吸"，即利用茶叶善于吸收气味的特点，鲜花吐香，茶叶吸香。如何把握好这看似简单的"一吸一吐"，就成了制作花茶的关键。茶叶吸收花的香气是一个物理作用和化学作用的结合，茶叶吸收香味的能力在一定范围内与水分含量相关，控制好茶叶的水分对花茶品质至关重要。与"吸"相对应，"吐"香的技术需要掌握好以茉莉花为代表的各类花的特性，鲜花的适时采摘、妥善保存等都有着很深的门道。另外，多数情况选择含苞待放的花骨朵作为原料，而有时也会使用怒放的鲜花，这种花与茶的搭配饱含技术和经验。

花茶加工的第一步是茶坯处理，通过复火干燥和茶坯冷却让茶叶达到"最适窨制"的程度。与茶坯处理同步，鲜花也会进入工厂，进行摊放。比如茉莉花，往往要经过"摊、堆、筛、凉"等步骤，等待窨制。茶坯和鲜花准备好后，开始拌和窨花，根据产品的需要确定加入花的量，形成一个窨堆，一段时间后花香就会渗入茶叶。在窨制一段时间后，需要进行散热，防止由于窨堆中鲜花的呼吸作用导致不好的"闷味"出现。之后通过收堆、出花和复火步骤就算完成了一次窨制。制作高档花茶，往往要进行重复窨制以加重花香，重复窨制一次为双窨花茶，重复两次则为三窨。按照传统的窨花技艺，每窨一次要等温度下来的时候再窨，特级的茉莉花茶会有五窨、七窨、八窨、九窨或更多次，花香浓郁，前后大概要持续几个月之久。

在窨花方式上，我国经历了从陶罐窨到箱篓窨、囤窨（地面窨）再到机械窨的发展过程。2002年我国才研制出第一台自动窨花机，大大降低了对劳动力的需求和限制，改善了卫生条件，产品质量也得到了提升。

茶叶的品质，鲜花的处理，窨制的火候，窨制的次数都会决定花茶的品质。茉莉花茶、兰花茶、桂花茶和玫瑰花茶等不同花茶都有各自的制作诀窍。现今的很多高档花茶往往会在窨制结束之后，将花瓣从茶叶中挑拣出去，只保留饱含花香的茶叶，这么做有产品品相的要求，也有食品安全的考虑。

花茶的品种

花茶的品种可以根据花的种类和茶坯的种类来划分。按照鲜花分类，最常见的是茉莉花，其它流行较广的还有桂花、兰花、玫瑰花等。茉莉花茶是花茶里的"大宗产品"，在广东和香港地区也叫香片。茉莉花茶产量大，品种多，是"花茶"的代表，如果不做特殊说明，一般"花茶"指的就是茉莉花茶。茉莉花的品种多样，在我国有60多种，主要分为三大类：单瓣茉莉、复瓣茉莉和重瓣茉莉。我国的单瓣茉莉，经各地多年选育，形成较多的地方良种，其中产量高、品质好的有福建长乐种、福州种、金华种和台湾种。用单瓣茉莉窨制的茉莉花茶，香气浓郁，滋味鲜爽，是茉莉花茶中香气最好的。福州的单瓣茉莉花茶是历史名茶，创制于明清年间，产于福州市，是我国的非物质文化遗产。复瓣茉莉花窨制的花茶香气醇厚浓烈，虽不及单瓣茉莉花茶鲜灵、清纯，但双瓣茉莉易于栽培、产量高，是目前我国主要用于花茶生产的品种，以广西横县出产的最为典型。重瓣茉莉花开放时间久，香气较淡，产量较少，作为窨制花茶的鲜花不是很理想，但优点是耐旱，能够在山坡旱地生长，也可以与单瓣茉莉和复瓣茉莉杂交选育新品种。

大宗的茉莉花茶经过多年传承和演变形成了一些代表性的品种，例如福建的龙团珠茉莉花茶，茉莉大白毫，天山银毫，四川的文君花茶、龙都香茗，湖南的猴王花茶，广西的横县茉莉花茶都有很高的知名度。茉莉花喜暖畏寒，而福州的气候地理环境为茉莉花提供了优越的自然条件，这也为之后福州茉莉花茶的发扬光大奠定了基础。福州茉莉花茶品种多样，具代表性的包括经过五窨的茉莉春风、四窨的雀舌毫茉莉花茶、三窨的龙团珠茉莉花茶等。

随着消费的多元化和制茶者的不断开拓创新，除了茉莉花茶，其他很多花茶品种应运而生。按照传统，木樨花、蔷薇花、菊花、栀子花、木香、梅花等皆可制作花茶。珠兰花茶，因其香气芬芳优雅，颇受青睐。主要产地在安徽歙县，在福建漳州、广东广州和四川等地也有生产。窨制珠兰花茶的香花有两种不同的花：一种是米兰，一种是珠兰，二者窨制而成的花茶特色也略有不同。桂花茶的甜香深受国内外消费者的喜爱，广西桂林的桂花烘青绿茶、四川北碚的桂花红茶、福建安溪的桂花乌龙是桂花茶的代表性品种。值得一提的是，上述桂花茶近年来出口日本和东南亚，销量逐年上升，成了我国外销茶的新品种。金银花茶、玳玳花茶、白兰花茶和玫瑰花茶也是花茶中比较典型的品种，其中玳玳花茶是我国花茶家族中的新秀，由于其香高味醇的感官特征，以及玳玳花调胃理气的药理作用，得名"花茶小姐"，在江浙、华北和东北都有很大的销量。

桂花龙井

传统花茶通常以绿茶为基底制作，多以普通烘青绿茶为主要原料，也有使用龙井、毛峰等名贵绿茶为原

茉莉六堡

料加工的。比如浓郁香甜的桂花配上等的龙井制作出来的桂花龙井极为惊艳，龙井醇和的清香化解了桂花的甜腻，取而代之的是一种春日午后阳光正好的温暖。

近年有非常多的创新产品深受消费者的喜爱，乌龙、白茶、红茶和黑茶、六堡茶都可以成为花茶的基底，桂花乌龙、菊花普洱、茉莉六堡茶等俨然已经成了近些年被消费者追捧的明星花茶。

■ 花茶的成分与功能

花茶的成分很大程度上取决于制作花茶的茶坯，而花茶窨制过程对儿茶素等物质的破坏和氧化并不大，因此研究花茶的成分，更多的挑战在于花茶香气物质的分析。目前针对茉莉花茶的香气成分研究相对系统，乙酸苄酯、芳樟醇等十余种物质被认为是茉莉花茶的主要香气物质，它们的含量高低往往与花茶等级的高低直接相关，含量丰富，证明窨制过程进行得好，茉莉花香浓郁纯正；反之，则花香较弱。在这十余种主要成分中，邻氨基苯甲酸甲酯、吲哚等少数几种成分通过研究证实全部由茉莉花提供，而非源于茶叶本身。

■ 花茶的健康功能

花茶带有茶叶本身的健康功效，同时具有了普通茶叶不具备的独特花香，是一种愉悦心情的饮品。"芳香疗法"是一种被广泛科学证实的能够调节情绪的医学方法，而花香茶韵总相宜的花茶是上班族缓解压力以及居家人群调节心情的好伴侣。

■ 花茶的品质特征

花茶的核心特征是花香与茶香的完美融合，无论是茉莉花、兰花还是桂花，其浓郁的花香与茶叶结合后显得更为持久宜人。评判花茶是否品质出众，首先要闻香，如果香气寡淡，则证明品质一般。当然，如果花香过于浓郁而掩盖了茶香，也是有失水准的花茶。此外，花茶的茶坯也决定了花茶的品质，不同的茶坯奠定了不同花茶的基调，比如黄绿澄明的汤色就是绿茶为基底的好花茶的象征。

与品饮好的红酒一样，个人的喜好是评判茶叶好坏的重要指标，没有哪一种茶适合所有人的口味。个人的口味，很多时候也取决于一种习惯和记忆。比如我国改革开放前，茶叶供应并不充足，在北京等北方地区只有

"高末"茶供应。"高末"是高级茉莉花茶挑出漂亮完整的茶叶之后剩余的细碎茶叶，因此价格十分便宜，但是茶香与高档名贵茶叶极为相似。如果以传统的标准来判断，高末不是高级茶叶，但就是这样的一款茶叶，却是很多改革开放前出生的成年人小时候对茶叶的唯一印象，是那些年间平淡生活中唯一的色彩。直至今日，被勉强称作高级茉莉花茶的"高末"仍然占有北方市场相当大的比例，因为那是"小时候的味道"。现如今，为了提高花茶的品质，很多企业使用名贵芽尖做茶坯，使用极为讲究的福州单瓣茉莉窨制茶叶，使用更为先进的窨制工艺，制作出更为精致、更为讲究、香气更为丰富且协调的花茶。

花茶的储藏和冲泡

保存花茶可以参考绿茶的保存方式，密封、避光、低温、干燥的环境是储藏的关键。茶叶吸附能力特别强，保存环境应该杜绝异味。如果有条件最好放在冰箱中保鲜。对于茉莉白茶、桂花黑茶、茉莉六堡等不是用绿茶茶坯制作的花茶，我们也提倡及时消费，而不是长期储存。虽然有些茶叶基底有着适宜长期存放转化的特性，比如菊花普洱、茉莉六堡等，但是花茶的核心特征是花香，及时饮用或许是更好的选择。所谓有花堪折直须折，莫待无花空折枝。

玻璃杯冲花茶

花茶适合清饮，不宜加奶和糖，以保持天然的花香。传统上，花茶用茶壶或者盖碗冲泡，对于用细嫩芽尖制作的花茶，可以用玻璃杯冲泡以获得芬芳香味和舒展芽尖的双重享受。冲泡使用芽尖绿茶作基底高品质花茶，我们建议水温不要超过90℃；而对于非由芽尖制作的花茶，我们可以用沸水冲泡。若用茶壶冲泡，特别要注意盖上壶盖，几分钟后打开壶盖，花茶的芬芳就会扑面而来。

老茶
神韵

在上述章节中多次提到"老茶"的概念。一般的食品饮料都有"保质期"，常识是越新鲜越好。食品行业出现的"老"字，往往是指某一种食品有着较长的发明历史，或者从市场推广的角度强调食品具有"从前的味道"，比如"老酸奶"。而"老茶"则是实实在在地指茶叶原料或是产品已经被存放多年，茶叶中的物质在存放的过程中发生了变化，即所谓的"陈化"，陈化的茶叶产生了与"新茶"完全不同的味道和功效。"老普洱"、"老白茶"不但价格极高，而且一茶难求，是爱茶之人追求的极品，甚至与古董字画等艺术品一道在拍卖行里崭露头角。

老普洱的传奇

毫不夸张地说，老普洱茶单凭一己之力即在当代制造出了一个茶叶江湖；毫不夸张地说，至今没有一个人真正懂得老普洱的价值。老普洱集文化、民俗、口味、健康和炒作于一身，没有统一的品质标准，没有统一的价值标准，但是老普洱的市场价值远超所有茶叶，也远超任何合法农产品的价格，是当代茶叶界缔造的一个传奇。时至今日，仍有很多人非常热衷于谈论2006年之前普洱茶市场突然的火爆以及突然的下跌。风光过后，老普洱仍给我们留下很多未解的科学之谜，比如老普洱的成分标准是什么？老普洱的健康功能是什么？良好储藏的金标准有哪些？而这些谜题，完全可以通过现有的科学工具予以解答，也许是时机尚未成熟的缘故，对于老普洱的研究至今仍然发展缓慢。

关于老普洱的近代发展和演变历程，同样没有统一的认识。一般而言，习惯上把老普洱的近百年历史简单分为三大阶段或五大阶段。对于前三个阶段的划分在行业内观念比较一致。分成五个阶段的差别就在于1999年开始的国营茶厂改制之后再进一步细致地划分为两个阶段。

第一个阶段是中华人民共和国成立前私人经营的茶叶商号阶段，那时的普洱茶产品俗称"号级茶"。这个系列延续到 1938 年 "中国云南茶业贸易股份有限公司"的成立及中华人民共和国成立初期。经典的茶叶商号有同庆号、福元昌号、陈云号、宋聘号、孙羲顺、同兴号、敬昌号、江城号、同昌号、杨骋号、普庆号、车顺号、鼎兴号、易武兴顺祥号、易武永茂昌、福禄贡、思普贡茗、群记圆茶、猛景号、新兴号、云南河内号等。

第二个阶段是从 1949 年中茶公司成立并生产首批红印圆茶为开始，至 1967 年截止。在这期间生产的茶品市场上习惯称为"印级茶"。以中茶公司成立为起点标志，从私人茶庄为主导转变成以国营工厂为主导生产茶叶，是一个重大转变。生产的规模和方式、产品的质量和包装特点等都与号级茶的时代不同。中茶公司从 1951 年开始使用"中茶牌"这个品牌，坊间称为"八中茶"。中茶牌是我国最早的商标品牌之一，也是 90 年代之前国际市场上唯一的中国茶叶品牌，是实打实的"国家品牌"。这一阶段的主要茶品有红印圆茶、绿印圆茶、无纸红印圆茶、无纸绿印圆茶、大字绿印圆茶、小字绿印圆茶、黄印圆茶、圆茶铁饼等，按资料介绍印级茶大多数茶品都是勐海茶厂制造的。

老普洱红印圆茶

第三个阶段是 1967 年后两大国营茶厂开始生产包装印有"七子饼茶"的茶品。1967 年中茶牌圆茶改为"七子饼茶"，标志着印级茶时代的结束，而七子饼茶的名称一直沿用至今。只有 20 世纪 90 年代之

七子饼茶

前的"七子饼茶"才属于这一阶段的老茶。主要茶品有昆明简体字七子饼茶、下关中茶牌简体字七子饼。这两款在早期是与印级茶交错生产的。80 年代的名品还有：下关中茶牌繁体字七子饼（8653 铁饼）、黄印七子饼（认真配方黄印）、大蓝印七子饼、水蓝印七子饼、7542-73 青饼、8582 青饼、红

普洱茶

带七子饼、7532 雪印青饼、80 年代 7542 和 7582 的厚纸和薄纸青饼、88 青饼等。90 年代后除了昆明、勐海、下关生产的传统常规茶外，印刷包装还有红大益、紫大益牌的七子饼。另外，还有后建的大渡岗、黎明等大型茶厂出品和茶商到各大厂订造的七子饼茶。

老普洱大渡岗

1999 年之后，云南各大国营茶厂转制，一些新茶厂陆续建立和投产，而勐海茶厂和下关茶厂仍然是普洱茶生产的主力。但是同期涌现出大量的新生茶厂开始生产普洱茶，这也是普洱茶突然之间在市场上升至火爆的一个时期。截至 2004 年，下关茶厂正式改为民营，和 2005 年勐海茶厂改制成功，这以后的茶品俗称改制后茶品，产品开始多样化、现代化，形式上也并不局限于传统的饼砖沱等。

普洱茶经过这几十年的高速发展和随着时间的推移，当年的新茶叶都已经在各地名仓得以转化，价值得到充分提升。如当时代表新生普洱开始

99 年生普

的 1999 年的茶，现今已是不折不扣的中期茶，而 80 年代的茶品，现今已是老茶中的顶梁柱，再早期的茶品更是拍卖中的常客，是收藏级茶品的翘楚。随着时间的推移，普洱茶的年代划分也不断地被重新定义。由于流通量的锐减，在市场上也就自然而然地把 1999 年之前生产的茶品算为早期老普洱，现代的稀世珍宝。

■ 老普洱的特征

老茶的意义在于经过时间的积淀产生了与新茶不同的香气滋味和健康功效。事实上，老普洱确切地是指"老生普"，因为熟普洱是经过几十天的微生物深度发酵，成分已经非常固定，之后即便再经过很久的保藏也不会发生很大的变化，因此"老熟普"只有很小的成分转化空间和相对较小的价值提升空间。

生普制作原料为云南大叶种茶，内含物质含量高，同时茶叶加工过程简单而使得茶叶在很大程度上保留了内在丰富的酶系和微生物，因而生普在几十年内存在很大的内含成分转化的空间。老生普的自然转化让其比起新茶的汤色更红润，滋味更醇和甘甜，口感更滑润，并且增加了更多的愉悦香气。老普洱的香气非常难以描述，统称"陈香"。传统上，形容老普洱香气的用词有奶酪香、豆香、参香、果糖香、焦糖香、果香、桂香、枣香、樟香、药香等。与新茶的刚烈和霸气滋味不同，老茶确实展现了一种更容易被人接受的价值感，简单地说，老茶更香，更好喝，而且那种香气、滋味和口感只有喝过才知道，用文字很难形容。

目前还没有标准界定存放了多少年的生普叫作"老生普"。一般认为存放五年以上的生普即算入门，而几十年以上的老茶堪称殿堂级。民间有传，二十年的老茶最好，但是没有任何证据来证明这一点。在市场上仍然是年份越久价值越高，同一款茶以每年 10% 至 15% 的增长率升值。因为普洱茶历史悠久，在故宫博物院等博物馆保存有上百年的老普洱，但是这种老茶属于"文物"范畴，由于有机物和生物质的碳化、石化等变化，这样的茶叶已经完全没有品饮价值。

"越陈越香"是由多种因素决定的，除了陈放年限，老茶的好品质还取决于老茶原料特点和储存的环境。老生普的价值与原料密切相关，如果原料是所谓的"云南山头茶"，意味着茶叶更纯粹、内含物更丰富，后期转化后的老生普既显得醇和，又不会变得寡淡；而如果生普采用台地茶等内含物相对较少的原料制成，后期内含物相对贫乏的不足就会被时间不断放大出来，老茶的口感等按照传统标准自然比不上"老山头茶"。

老茶品质的另一个决定因素就是存放环境。早在宋朝，福建人蔡襄就在《茶录》中记载了"茶喜蒻叶而畏香药，喜温燥而忌冷湿"，提示茶叶应该在没有异味的温暖干燥的仓中保存。存放老茶的仓库有很多概念，不同茶仓保存的老茶的确在品质上有很大不同，即便是不经常饮茶的人也能够轻易感受得到。非常可惜的是，普洱茶发展至今，关于仓储的研究仍是一块空白领域，没有足够的科学研究去决定普洱茶在什么样的湿度、温度和地域是最好的，或者说使口感更适合品饮且健康功能最显著。

干燥环境下，茶叶不会发霉，但转化较为缓慢，能保持普洱茶的真性。而湿润的环境可以让老普洱转化更快。由于温度和适当的水分是普洱茶中的酶和微生物代谢的必要条件，因此一般认为同样存放五年的老生普，在我国气候温暖湿润的广东和在气候干燥的北京存放的结果就有很大不同。同样年份的老茶，在南方仓保存的老生普会显得品质变化更快。因此在广东、香港等地有一些普洱"名仓"深受茶界推崇。近些年，马来西亚华人发现在马来西亚暖湿气候里储藏经年的普洱茶陈香独特、口感独好，"大马仓"之名大有潜力。

促进茶叶转化所需要的湿润是一个相对的概念，准确地说是通风却湿度适宜，它不等于"湿仓"。真正的湿仓是指通风不畅、湿度达到80%或以上的仓储环境，这是一些茶商为了让茶叶尽快陈化而人为采取的过犹不及的办法。在这样的环境下储藏的老茶多有发霉的报道，连基本的食品卫生要求都达不到，更谈不上拥有任何的市场价值。

总之，老生普的价值由三个标签决定：产区、仓库和准确的存放年限。如果三者俱佳，这一定是一款价格不菲的老茶。可以看出，老茶的价值判断与名优绿茶有异曲同工之妙，都是讲究商品的"稀缺性"，是一种可以喝的奢侈品。

老普洱驰骋现代茶界市场已有不少年头，逐渐回归理性之后，老普洱仍然深受消费者的追捧，这也从一个侧面反映出老普洱的魅力和价值。老茶原料中丰沛的内含物在时光中慢慢酝酿、渐趋成熟。看似平静的等待，实际在微观世界里则不知经历了多少的暗潮汹涌、多少种生化反应、多少回微生物的迭代更替。一款成熟的老茶，表观上是色香味的醇厚转变，而实质上是成分的转化。传统概念上的老茶，虽然看似与鲜叶有很大的不同，但实质上仍是一种天然的产品，因为它受人工干预极少，是一种自然而然的变化，是一种浑然天成的成熟，是大自然送给人类的礼物。

面对大自然的鬼斧神工，人类的智慧时时会显得卑微渺小。但是随着现代自然科学的发展，科学家们在未来应该更多地致力于使用现代的生物技术和微生物技术让这份大自然的礼物快速陈化，让岁月的美好来得更快一些，让普通百姓都能够享受到老茶的奢侈价值。

其他品类的老茶

借普洱茶老茶之东风，几乎所有品类的茶叶都衍生出老茶，老黑茶、老白茶、老六堡、老乌龙，甚至有人开始尝试"老绿茶"。客观上讲，虽然作为饮食类产品，茶叶必须有保质期，但是茶叶没有真正意义的变质，只有不似最初的新鲜和发生了陈化转变。但是这种陈化，恰恰是茶叶价值的另一个关键所在。无论哪一种老茶，都会在岁月的雕琢之下，华丽转身展现不一样的精彩。

黑茶的陈化与老生普的意义不同。黑茶属于后发酵茶，在制作过程中微生物已经帮助茶叶完成了一次转化，因此物质变化的空间远不如生普大。

普洱熟茶和六堡茶，制作过程中微生物作用充分，茶叶成分的主体转化工作已经完成，因此这类发酵充分的黑茶后期的转化更大的意义是让制作过程中微生物代谢产生的"仓味"慢慢转化消散，让茶叶的味道更容易被人接受。但对于安化黑茶一类发酵不是特别充分的黑茶，后期继续转化即"老"的可能性还可以很大。安化黑茶中的茯砖茶最后有"发花工序"，但由于发酵菌相对单一（主要为冠突散囊菌），给茶叶留出了不少的转化空间；而天尖茶和千两茶等安化黑茶，前期微生物发酵程度低，后期有着更大的变化余地，存放多年后滋味往往会变得更醇和甘美。

老白茶

"老白茶"近些年地位飙升，已成为了位居"老生普"之后的"老茶榜眼"。白茶简单的制作工艺让其保留了天然物质的活性，可以不断地通过茶叶内源酶系和自然氧化作用继续变化，滋味变得更厚重，浓郁的"青草气"在后期逐渐转变得成熟。客观地说，"老白茶"的滋味比"新白茶"更丰厚，更有韵味。老白茶的价值还源于其抗炎的保健功效，煮老白茶被业内人士普遍认为是比吃药更有效的治疗喉炎和感冒的方法，"一年茶，三年药，七年宝"更是给老白茶建立了通俗易懂的价值标准。

比起这些年逐渐火爆的老白茶，"老乌龙"在茶行业圈内有着更为悠久的历史，"老铁""老岩茶"成了圈内斗茶的高端武器，而2016年铁观音国家标准的修改，再次将老乌龙推向高潮。国标中增加了对于"陈香型铁观音"的描述，即以铁观音毛茶为原料，经过拣梗、筛分、拼配、烘焙、贮存五年以上等独特工艺制成的具有陈香品质特征的铁观音产品。"陈香"成了一种铁观音的独特品质。传统意义上，老乌龙和之前介绍的几种老茶略有不同，它需要定期"复焙"，就是每年将年份乌龙原料重新焙火，激活一次茶叶，而非单纯等待时间的历练。从这个角度上说，我们经常听人提到的"十八年老乌龙"，如果货真价实，确实难得。

相比普洱、黑茶、白茶和乌龙茶，消费最普遍的绿茶和最国际化的红茶几乎没有"老茶"的说法。因为绿茶讲究尝鲜，而红茶充分发酵的工艺让其品质基本稳定，与在产品包装上标注"长期保存"的黑茶不同，绿茶和红茶往往也会在产品上标注 18 个月、24 个月的保质期。其实更确切地说，茶叶的"保质期"实际上是"保鲜期"，保存了 2 年以上的绿茶鲜味和香气尽失，取而代之的是别有一番丰厚滋味。这些年出于市场概念也好，出于好奇之心也罢，很多人开始尝试把深藏的陈年老茶翻出来打上老绿茶的标志。令人惊奇的是，喝过老绿茶的人无不赞许，尤其是稍事烘焙驱除陈放的杂味之后再经煮制，茶水的滋味令人拍案称奇。当然，老绿茶、老红茶的成分、健康功能的改变无人知晓，但是我们相信随着茶叶行业的科技进步，其中的奥妙都会逐渐被揭示出来。

老茶的品饮

无论是哪一种老茶，在存放过程中，儿茶素等鲜叶中更多的物质逐渐聚合氧化，茶色素含量一定更高，因此老茶的颜色相对更深，儿茶素带来的涩味刺激性逐渐消失。同时老茶中还产生了一些特色的活性物质，比如活性黄酮、各种茶多糖等。每一种老茶都有其不同的标志性的味道，但是口感都是顺滑柔和的。好的老茶还有一个共同的特点就是耐泡。老茶的内含物质溶出缓慢且持久，香气物质也是缠绵丰富。因此，一般都建议老茶要煮着喝或者用讲究的紫砂壶慢慢泡。如果用小紫砂壶泡 4~8 克好的老茶，泡到第 20 次，仍会滋味隽永。

除了口味高雅，老茶的价值很大程度上体现在其文化和收藏属性上。一款老茶，也许会代表一段往事，也许能够表达一种特殊的情怀，这是普通的食品或其它任何消费品无法比拟的。几乎每个中国人都熟记孟子的那句：独乐乐与人乐乐，孰乐？而对于一款老茶，独饮乐与人饮乐，孰乐乎？

中篇

养生中国茶

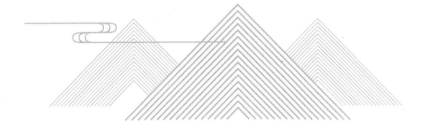

饮茶自百草中来

茶叶，自诞生之日起即被认定是一个带来健康的植物；人们认识茶叶的健康功能的过程是一个逐渐发现、验证、注入时代新科技、并反复实践的过程。

中国是四大文明古国里唯一将文化主体延续下来并至今仍然保持巨大生命力的国家。茶叶完整地参与了中华文明的发展历史，并在政治和经济领域都起到推动历史进程的作用。我国流传最广的朝代歌诀记录了朝代的更替顺序：三皇五帝始，尧舜禹相传；夏商与西周，东周分两段；春秋和战国，一统秦两汉；三分魏蜀吴，二晋前后沿；南北朝并立，隋唐五代传；宋元明清后，皇朝至此完。两千年的封建王朝制度结束后，中国又经历了民国时期，直至 1949 年迎来中华人民共和国的成立。茶叶的发展贯穿中华民族 5000 年文明的发展历史（见彩页），至今仍在持续旺盛地进化着。

"茶之为饮，发乎神农，闻于鲁周公，兴于唐，盛于宋，普及于明清，复兴于建国，繁荣于当代"，这是一般公认的中国茶叶发展进程。随着朝代的更替，茶叶的新品类慢慢地逐一出现，茶叶的制作方法、品饮方式、所用器皿等都随着历史的进展而不断演变，而不同种类茶叶的健康功能也随之被逐一揭示出来。

▌茶叶的发现

距今 5000 多年前，我们有一个祖先是炎帝。炎帝是一个农业学家，他带领他的部族不但发现了火，发现了五谷，还发明了耕种和农业，因此炎帝也叫神农氏。神农氏亲自尝百草，发明了中草药，总结为《神农百草经》。在这本中华民族历史上最重要的中医药典籍中，记录了茶叶的发现："神农氏尝百草，日服七十二毒，得荼而解之。"荼，即现在的茶。大意是神农氏日间为鉴别有用草药遍寻并尝试了很多种植物，其中有一些是毒草，在中毒颇为堪忧的时候他尝到了茶，所中之毒随之而解。因此，茶叶最初是解毒的草药。

自此以后，远古时期的中国劳动人民即开始将茶叶当作预防疾病的药物。那时的茶叶比较粗糙，人们会将茶叶鲜叶摘下来直接咀嚼生吃，或者把鲜叶丢入瓦罐中用水煮，类似最原始的中草药。久而久之，煮茶成了习惯，变成天天饮用的茶水。煮茶的习惯是人类史上一个重大进步，至少人们因此开始饮用开水。除去茶叶本身的药用价值，开水

神农氏发现茶

煮灭了自然界水中的微生物，大大提高了饮水卫生，减少传染病的发生，具有划时代的意义。

茶叶的发展

西周年间（公元前 1046—前 771 年）

茶叶被奉为贡品，茶道初立。最早产于云贵高原的茶叶开始被引进四川，在这里人们开始栽培和种植茶叶。商朝末年，武王伐纣，后来建立了周朝。周武王有一个弟弟封国于鲁，人称鲁周公，被认为是建立了中国茶道文化的人。他是历史上第一个提出以茶载道、品茗论道的人，是推行饮茶以立身德的人。同时鲁周公也是一个管理国家的专家，他辅佐他的哥哥周武王安邦定国，并将茶行业管理为大一统的消费体系。周公在《尔雅》中记录了茶叶被列入纳贡礼单。后来巴蜀地区的茶叶就成了"纳贡"珍品，而且贡品茶必须由专门的人来种植、采摘和制作，这些人就是最早的专业"茶人"，很多人因此认为巴蜀地区是中国茶叶的摇篮。因此唐人陆羽在《茶经·六之饮》中明确地提出："茶为国饮，发乎神农氏，闻于鲁周公。"

人工种茶

东周时期（公元前 770—前 256 年）

茶叶逐渐增多，作为饮品之外，有时也会像蔬菜一样直接食用。《晏子春秋》这样记载："食脱粟之饭，炙三弋五卵，茗茶而已"。大意是说在春秋时期晏婴任齐景公的国相时，平日的饮食是这样的：吃脱壳的粮食，烤些鸟或鸟蛋（也许是古时的鸡），配些茶叶做的菜肴。这是茶叶供食用的最早记录，差不多这也是均衡膳食的最早模板吧。我国云南的一些地方至今仍然有把茶叶当作蔬菜的习惯，可以凉拌也可以烹制入菜。

商品茶交易开始

秦汉时期（公元前 221—公元 220 年）

对于人工栽培茶树已经有史上最早的文字记载，即西汉年间《四川通志》中的蒙山茶。在此时期，巴蜀茶业进一步发展，茶叶已经正式成为商品开始成规模交易，并形成了像武阳一带的茶叶集市，东汉时期名士葛玄在浙江天台山开始设立了"茶之铺"，差不多是最早的专门卖茶叶的店铺。同期茶叶专属的器具也开始出现。

三国时期（公元 220—280 年）

开始有"以茶代酒"之说，并出现了紧压的茶饼。此时间的魏张揖著有《广雅》一书，上面记载了特殊的制茶方法和饮茶方法："荆巴间采茶作饼，成以米膏出之，……用葱姜芼之。"这里记载了在三国时期已经出现了茶饼的制茶方法，还有茶与米膏入主食或者与葱姜共入菜肴的食用方法。

晋与南北朝时期（公元 265—589 年）

茶叶品质得到提升，饮茶成为礼仪并出现普及的趋势，佛门道教开始种植并研究茶叶。在此时期，长江中下游及沿海地区开始发展茶叶的种植、加工及商业。茶叶行业中心从巴蜀地区向东转移，靠近当时都城建康（今南京）。茶叶开始在全国范围内普及，饮茶成为当时富庶地区百姓日常习惯，"以茶待客"的礼仪也是从那个时期开始的。由于茶叶种植的地区变得广泛，茶叶交易的商业化程度也很快提高，普通茶叶在那时开始变得有些供大于求。在这样的情况下，一方面茶叶消费推广至更多的普通百姓，宴会、待客、祭祀等很多大型活动及家庭聚会都会用茶。另一方面，茶叶从业者开始提高加工质量，精工采制以获取更高的价格和利润。

同时在南北朝时期，佛教开始在中国盛行。由于饮茶可以提神驱眠，很多僧士在夜间坐禅时都会饮茶。僧道寺院一般建在清静的山上，与世隔绝，为了便于取用，很多寺院开始在寺庙周围栽种茶树并从更深层次研究茶叶的禅意。也正因如此，很多寺院周围多年栽培的茶树在后来成了诸多中国名茶的起源，比如四川蒙顶、黄山毛峰、西湖龙井等。

茶禅一味

隋朝（公元 581—618 年）

隋朝为茶叶的进一步发展和东移奠定了基础，特别是南北京杭大运河的修建对促进茶叶的普及起到了重要的作用。但是在隋朝时期，茶仍然是社会上层的社交饮品，而上层社会用茶来治病也有记载。

唐朝（公元 618—907 年）

唐朝是茶叶生产、贸易和文化均出现大繁荣的时期，茶文化遍及全国并远播朝鲜、日本。

中唐年间，国家修文息武，重视农业，因此茶叶的生产和贸易也得以兴盛。南方很多地区出现了户户饮茶的习俗，这个习俗逐渐由南方传到北方，被广泛接受。茶叶的产地几乎达到了与我国近代茶区相当的格局，遍及相当于当今中国的 14 个省，包括云南、贵州、四川、湖南、湖北、陕西、江西、安徽、河南、浙江、江苏、广西、广东、福建。由于茶产业的大发展，自此时期开始，国家开始征收茶税。唐太宗时期建立"贡茶院"，专门从事进贡皇朝的茶叶生产，更是兴师动众督制"顾渚紫笋"饼茶。

"茶"字在中唐之前一般都写作"荼"字，到唐代后期才得以正名，使用专属的"茶"字。在一些士大夫和文人雅士的饮茶过程中，还创作了很多茶诗，仅在《全唐诗》中，流传至今的就有百余位诗人的四百余首诗，从而奠定了中国茶文化深厚的基础。

谈唐朝和茶，不能不提"茶圣"陆羽。陆羽，名疾，字鸿渐、季疵，号桑苎翁、竟陵子，唐代复州竟陵人（今湖北天门）。公元 733 年出生，幼年托身佛寺，自幼好学，学问渊博，诗文亦佳，为人清高，淡泊名利。二十一岁时决心写《茶经》，用十余年的时间实地考察了三十二个州。后来为避安史之乱，陆羽隐居浙江苕溪(今湖州)，开始对茶的研究著述，历时五年写成《茶经》初稿，以后五年又增补修订方才正式定稿。

《茶经》问世

此时陆羽已四十七岁，前后总共历时二十六年才最终完成这世界上第一部研究茶的巨作《茶经》。这是世界上第一部茶叶专著，也是划时代的茶学专著。

《茶经》约 7000 字，共三卷十篇。上卷三篇："一之源"考证茶的起源及性状；"二之具"记载采制茶叶的工具；"三之造"记述茶叶种类和采制方法。中卷一篇："四之器"记载煮茶、饮茶的器皿，即 24 种饮茶用具，如风炉、茶釜、纸囊、木碾、茶碗等。下卷六篇："五之煮"记载烹茶法及水质品位；"六之饮"记载饮茶风俗和品茶法；"七之事"汇辑有关茶叶的掌故及药效；"八之出"列举茶叶产地及所产茶叶的优劣；"九之略"指茶器的使用可因条件而异，不必拘泥于形式；"十之图"指将采茶、加工、饮茶的全过程绘在绢素上，悬于茶室，使得品茶时可以亲眼领略茶经之始终。《茶经》一经出世，便轰动一时被竞相传抄。自陆羽后，茶才成为中国民间的主要饮料。茶兴于唐，饮茶之风普及大江南北，饮茶品茗遂成为中国文化的一个重要组成部分。

唐朝时期，饮茶文化开始向国外传播，尤其是日本和朝鲜受影响最大。唐永贞元年（公元 805 年）日本僧人最澄和空海从中国携带茶籽茶树回国，这也是茶叶传入日本的最早记载。

宋朝（公元 960—1279 年）

宋朝是饮茶文化最为显赫的朝代，完成了全国范围的普及，茶文化繁荣，制茶技艺达到巅峰，因此后人说"茶兴于唐、盛于宋"。

宋朝茶产业的中心由江南进一步南移至福建，主要是因为南部气温高，茶叶发芽早，福建一带的茶叶能够保证每年在清明前即能够进贡到京都。宋太宗年间，开始在建安（今福建建瓯）设贡焙，专造北苑贡茶，龙凤团茶因此迅速发展，"龙团凤饼，名冠天下"带动了闽南和岭南茶产业的崛起。茶叶到宋朝已经完成了全国范围的普及，茶区的布局与现代茶区范围完全一致，宋朝之后只是茶叶制法和不同茶叶品类的发展演变以及向海外传播的进展。

茶叶普及全国、茶区布局完成

宋朝茶文化发达，出现了一批茶学著作，如蔡襄的《茶录》、宋子安的《东溪试茶录》、黄儒的《品茶要录》，特别是宋徽宗赵佶亲著的《大观茶论》等，记录了当时茶叶的产制、烹试及品质。后来在宋元之际，刘松年《卢仝烹茶图》、赵孟頫的《斗茶图》等更是中国茶文化的艺术珍品。

在皇帝的带动下，茶学、茶文化得以弘扬光大，饮茶之风兴盛，饮茶方式上出现并盛行"斗茶"的点茶法。在团茶、饼茶继续盛行的同时，宋朝出现了适应普通饮茶者的散茶、末（抹）茶。在蒸青工艺基础之上，制作末茶的特殊制茶工艺——碾茶也是这期间开始出现。

元朝（公元 1206—1368 年）

散茶明显超越了团茶、饼茶，成为主要流行的茶类，并且出现了机械制茶。

当时的茶叶分有"茗茶""末茶"和"腊茶"三种。腊茶是紧压茶，是最尊贵的茶，只用作贡茶。茗茶就是现在的芽茶或叶茶。由于制茶工艺在此时期变得愈发讲究，各地制茶人都研制出很多独特的制茶方法，一些地方的茶也因

泡茶赏茗

此成了别具特色的茗茶并广为流传。元朝中期的《王桢农书》记载了水转连磨得碎茶的方法，也就是利用水力机械带动茶磨合椎具来碎茶，是宋朝碾茶工艺的机械化升级版。

废团茶、兴叶茶

明朝（公元 1368—1644 年）

废团茶、兴叶茶，是我国古代制茶技艺集中快速发展的时期，也是茶叶品类得以极大丰富的朝代，开始出现紫砂壶和瓷器泡茶的专属器具。明太祖朱元璋非常重视茶叶，当政初期即设立了茶司马职务，专门掌管贡茶的采购和国家的茶贸易事务。明朝茶产业主要的变化包括制茶方式上废弃蒸青改为炒青为主，少数地方使用晒青；茶品类上，明太祖朱元璋亲自下诏废团茶、兴叶茶，贡茶由团饼茶改为芽茶（散茶）；茶叶品鉴开始注重茶叶外形的美观，完整漂亮的条索茶叶极大地提高了茶叶的艺术性；饮茶方式上也从煎茶改为现代流行的泡茶。随着制茶技艺的精进，各茶区均出产不同特色的名茶；同时，除绿茶之外，逐渐出现了黑茶、花茶、青茶和红茶等丰富品类。明朝末期开始向中亚和伊朗等地出口茶叶。

清朝（公元 1616—1911 年）

清朝是现今六大茶类基本定型的朝代，泡茶技艺和茶文化也更加丰富，茶馆文化兴盛。在前朝的基础之上，除最初的绿茶之外，白茶、黄茶、红茶、黑茶、青茶（乌龙茶）也都分别确定下来。相应的泡茶技艺也在这一时期得到更精致的提高。1896 年，在福州成立机械制茶公司，开始规模化机械化生产茶叶。清朝较为突出的茶文化特征是茶馆的出现。茶馆，是一种平民饮茶社交的场所。清朝是茶馆文化的

六大茶类定型、茶馆文化兴盛

鼎盛时期。清末地处北方的北京有名的茶馆就有 30 多家，上海有 66 家，江浙一带更多。平民百姓也好，达官贵人也罢，到茶馆里饮茶社交成了一种时尚和习俗。茶馆文化是在风雅高冷的基础上的一种平凡、通俗的饮茶文化。

在此时期，英国的东印度公司等将红茶直运回国，一时间下午茶风靡整个欧洲，并向全世界普及。清朝末期，茶叶为主的国际贸易矛盾日益加剧。为缓解难以解决的贸易矛盾，英国商人掳去了 12 名中国茶人并让他们在印度开辟了茶园，正式将茶叶的种植与加工技术开始介绍给全世界。

红茶风靡欧洲

中华民国（公元 1912—1949 年）

中华民国初期，受洋务运动的影响，全国各地开始创立初级茶叶专科学校，设置茶叶专修科和茶叶系，推广新法制茶、机械制茶，开始建立茶叶商品检验制度，茶叶质量检验标准也在此时期开始制定。

新法制茶、质检标准

中华人民共和国（公元 1949 年 10 月 1 日至今）

中华人民共和国成立以后，政府十分重视茶产业的发展。1949 年 11 月 23 日，专门负责茶叶事务的中国茶叶公司（中国茶叶股份有限公司的前身）正式成立，由当时的农业部副部长吴觉农兼任总经理，茶叶事业进入了新的蓬勃发展阶段。吴觉农被誉为当代茶圣，创建了中国第一个高等院校的茶学专业，又在福建武夷山麓首创了茶叶研究所，著有《茶经述评》一书，是当今研究陆羽《茶经》最权威的著作，对陆羽的《茶经》做

成立中茶公司

了重要的补充和完善，对我国茶叶历史和现状作了较全面、正确的评述，同时在理论上加以科学说明，又以发展的眼光对茶叶研究提出新课题，为进一步研究茶叶提出了方向。另外，茶叶对于中国具有非常重要的经济学意义，尤其在外贸方面。中国茶叶公司在中华人民共和国成立以来的几十年当中通过茶叶的外贸为中国的经济建设做出了卓越的贡献。

改革开放之后，新成立的茶叶公司如雨后春笋般涌现出来，茶叶事业呈现空前的繁荣景象。全国的茶叶种植面积逐年递增，达到历史最高；茶叶加工技术不断创新，机械化程度大为提高，更有与现代科学技术的结合而在茶叶加工、深加工以及医药保健等方面显示出极大的活力和潜力。

市场化科技化

在过去的几十年里，茶叶的品类基本定型，茶叶发展更多地表现在对品质的提升以及质量管控方面。但是，非常值得一提的是，中茶公司云南分公司的技术人员在总结民间技术的基础之上，于 1975 年创造性地使用了"人工渥堆"发酵技术，从此发明了现代的普洱熟茶，一度在中国引领茶叶的消费。人工发酵技术是使用人工方式模拟自然发酵的过程以达到快速陈化普洱茶的目的。这也是现代技术第一次被引进古老的茶叶行业，具有划时代的意义。在此之后，一大批现代科技人员开始了对古老茶叶行业的现代化改进，在保持中国茶叶丰富品质的同时，利用现代生物技术、微生物技术以及食品加工技术等，不但为全世界人民提供色香味俱佳的中国茶叶产品，更为中国茶叶注入了稳定清晰的健康价值。

茶叶的发展与人类文明的进程是同步的。在过去的几千年里进展十分缓慢，但是到了近现代则呈现出突飞猛进的态势。现代人都认为茶文化是非常古老的，而事实上在明朝之前都是以绿茶为主，其它茶类几乎都没有成型，到清朝才确定了现在的六大茶类；明朝才开始出现紫砂壶，清朝才开始有类似现在的泡茶方式；民国时期开始正规化的机械加工；而熟普洱到 20 世纪 70 年代才出现。在健康研究方面，现代研究是近 30 多年才开始变得流行起来的。自 1982 年开始，发表的论文数每年剧增，近几年更是每年都有上千篇的科学论文发表。茶叶的健康研究出现暴增的趋势，一方面是因为近几十年来化学、生物学、基础医学等基础科学的进展为此类应用研究提供了更有力的工具，另一方面是在高糖饮料、高脂饮食变得便宜易得的今天，人们急需一个既好喝又能够对抗营养过剩的健康饮品，而茶叶有足够的吸引力和显而易见的潜力。

饮茶与科学共发展

人们对茶叶养生的认知源于中医中药，是经验的积累。自神农氏发现茶叶以来，中国历朝历代的医学家、药学家们在实践中不断发现其自然规律，并逐渐将茶的保健作用总结为以下二十四种：少睡、安神、明目、清头目、止渴生津、清热、清暑、解毒、消食、醒酒、去肥腻、下气、利水、通便、治痢、祛痰、祛风解表、坚齿、治心痛、疗疮、治瘘、疗饥、益气、延年益寿。

中医的词汇非常深奥，普通人理解起来有困难。这不只是一词多义那么简单，而是需要上升到庞大知识体系之上的领悟。面对如此深奥的语言以及如此丰富的健康功效，现代的科学家们表示一头雾水。但是，如果将茶叶拆分至几大品类，再细化至不同的茶叶品种，就不难理解茶叶如此丰富的功效代表不同种类茶叶各自具有的独特功能，而不是同一种茶 24 种功能都很强。

我们都知道，中医是一种根植于中医理论的经验医学，强调阴阳平衡的哲学体系，而且中医对茶叶从认识到了解再到运用经历了漫长的 5000 年之久。西医所代表的现代自然科学则强调可验证、可重复，强调可预测的变化和剂量关系，强调从分子水平解释清楚每一个生理反应的路径及关联等。自然科学对茶叶健康的研究是一百年前才开始的，但是伴随近现代科学的共同发展，在茶叶方面的研究进展还是比较快的。虽然存在理论体系的差异，但是关于茶叶，中医理论与自然科学的结论有一个共识，那就是：饮茶使人更健康。

如果我们把中医中药简单地理解为一种"观察性研究"，那几千年的经验就是坚实的人群研究基础。正是通过历史上大量的观察，或者一定程度上的干预性研究，古人总结出饮茶有这样、那样的健康效果。令人惊奇的是，古人指出的方向，往往能够通过现代的科学方法得以验证。中茶湖南安化第一茶厂的金花黑茶纯种发酵技术的开发就是一个"古人指导现代科研方向"，先传承再发展的典型案例。

▐古为今用：每克茶含 100 万个益生菌

湖南安化第一茶厂的前身是由在茶马古道上做茶叶生意的晋商最早建立的兴隆茂茶行，始建于 1902 年。那时候的人们发现百年木仓所在的厂区里生产的茯砖茶品质好，而且以在三伏天由手工制作的茯砖茶品质最好，长金花的茶叶最多，金花也最为茂盛。更广为传播的是，这种茯砖茶具有茶马古道上所传金花黑茶的全部健康功能，比如良好的润肠通便功能、降血脂功能，而且有的人喝上一段时间还可以减肥。百余年间，百年木仓见证了洋务运动期间引进的第一台制茶机械，见证了第一个茶叶培训学校在这里的建立，见证了中国茶叶公司的诞生。昔日的百年木仓更是光荣地成了中华人民共和国湖南安化第一茶厂的历史文物，而湖南安化的黑茶加工技术就这样被传承下来。

百余年来，有一些问题一直困扰着茶厂的师傅们，那就是不知道为什么百年木仓的黑茶会金花茂盛？为什么这种金花黑茶比普通黑茶的健康功能更明显？为什么同是金花茶，不同厂的口味和效果会不一样？老一辈人都说百年木仓集聚了天地之精华。虽然这种说法能够让大家心安，但总是觉得似乎百年木仓里蕴含了一个未解之谜。民间的认知可以随意，可以只是一种信仰。但是作为能够影响全人类生活的科学需要回答很多问题，比如金花到底是什么？金花黑茶为什么与普通的黑茶功能不一样？其健康作用在生理层面是如何起作用的？茶叶里的什么成分是这些健康作用的基础？每次喝多少茶能起到健康效果？如何保证每一批茶叶都能达到预期的健康功能？诸如此类的问题便是"知其然不知其所以然"的困惑。

这种困惑持续到 2013 年，直到中粮集团营养健康研究院的年轻科学家们的到来才解开了其中的奥秘。经过与当地老人的交谈并参阅大量的科学文献，年轻的科学家们认定金花黑茶里的金花是一种微生物，而且是冠突散囊菌的可能性最大。这种金花菌存在于环境当中，在长年生产金花茶的百年木仓附近最多，因而在这里生产的茶叶更容易被接种而生长出大量的金花。这些微生物在茶叶中吸收茶叶里的成分，将其转化为自身的成分同时也使茶叶内的物质发生改变。其他厂区微生物环境与这里不一样，生产茶叶过程中进入的菌群也不一样，因而生产出的茶叶品质也有很大差异。这些推论，在随后 3 年的科研工作中逐一被证实，科学家们持续不断地在研究中总结规律并衍生出一系列推动行业升级的现代化技术。

首先，科学家们在放大一万倍的显微镜下确认了这些金黄色的茂密物质是发酵菌的孢子。之后，在中国食品发酵工业研究院的程池教授和姚粟

冠突散囊菌

子囊

博士的专家团队指导下，创造性地开发出打开沉睡的真菌孢子的技术。当这些金黄色的孢子和子囊在显微镜下被一层层完整地打开，冠突散囊菌优美的身姿慢慢地展现在科技人员的眼前。那一刻，年轻的科学家们泪洒显微镜，因为他们知道：茶马古道上千年金花之谜，终于清晰地展露出来！

在显微镜下进一步验明正身之后，一系列的困惑都得到了明确的解释。首先明确的是这些金黄色的一簇簇是茶叶的发酵真菌休眠状态下形成的孢子。这些发酵菌大多数是冠突散囊菌，有少部分是其他金黄色真菌，如阿姆斯特丹散囊菌。由于传统茶叶发酵是开放性的渥堆操作，发酵菌种的进入取决于周围环境，有很大的随机性，因此每一个茶厂的菌种不一样，每一批茶的发酵菌的种类也不完全相同。传统上，金花黑茶只在安化地区三伏季节才能生产出来，因此这些发酵菌的生长一定是需要 28 度以上的气温以及安化县资江流域的暖湿气候。另外，传统上只有使用粗老带梗原料并用手筑方式紧压制作的茶砖内部才能长出金黄色的菌花，这说明金花菌的生长不喜欢氧气过于充沛，但是又不能完全隔绝氧气。在这些表面的问题被揭示清楚之后，科学家们开始了传承之后的革新路程。

虽然民间积累的经验告诉我们，带有金花的黑茶健康作用更强，但是，按照自然科学的理论，如果每一批茶的发酵菌种不一样，发酵程度也不一样，那么我们就无法相信每一批茶叶的成分一致，它的健康功能也可能不一致。品质不固定、功效也不确定一致的产品，科学家们是不能简单地给它贴上健康标签提供给消费者的。研究至此，现代科学家们的杰作才正式拉开帷幕。

在中茶百年木仓出产的大量金花茶中，科学家们分离出很多种冠突散囊菌种，再经过层层筛选，终于选育出一株生长能力优异的明星菌株。这一原始菌种保藏在中国工业微生物菌种保藏管理中心（CICC），编号 8730。这株 8730 金花菌的遗传稳定性极强，经过 7 代复制仍能完整保持最初的基因谱而不发生突变，令人放心。其后，在中国疾病预防控制中心和国家食品安全风险评估中心完成了菌株毒力测试、不产毒认证、耐药性测试，并完成了发酵后食品的排除急性毒性、排除遗传毒性的研究与认证。2015 年初，8730 金花菌正式成为中国茶叶届、也是全世界茶叶届第一个身份明确且获得全套食品安全证书的茶叶发酵菌株！而这株 8730 金花菌来自湖南安化的百年木仓。

在确认了 8730 发酵菌的安全性之后，接下来的问题是：8730 是健康益生的菌种吗？如果答案是肯定的，到底是什么健康功能呢？再一次，在古老的经验指导之下，科研人员锁定了方向：验证其润肠通便、降血脂和减肥的功能。

验证健康功能，不能脱离具体的产品，前提是需要一个没有杂菌干扰，且由 8730 菌纯种发酵的黑茶产品。在科学系统的指导下，项目进展清晰而顺利。传统的茶叶渥堆工艺登上了大雅之堂，被请进了为此专项开发的 GMP（药品生产质量管理规范）级发酵车间。在后发酵流程之前，先对原料进行灭菌以清除杂菌，然后人工接入纯种的 8730 金花菌，发酵车间的条件设定为安化地区标准的三伏天温度和湿度。在洁净的 GMP 车间，可以很容易地调节发酵仓的氧气浓度，因此传统上只能依靠紧压的茶砖才能长出的金花在散茶里也均匀地生长出来。因为扫除了其他杂菌的影响，8730 长势喜人，原来需要 28 天的完整发酵至干燥时间，现在到第 7 天金黄的孢子就已经成熟并干燥完成。这时的每一克茶叶都长有 100 万个以上的金花，而且我们清晰地知道，这里没有杂菌，肉眼可见的金黄宝宝全部都是持有安全证书的 8730 金花菌 7 代之内的嫡传金花！

2016 年，在按照制药 GMP 级管理的生产车间里试产成功了标准化微生物发酵的茶叶，这款茶架起了农产品与现代医学研究之间的桥梁，也奠定了现代研究的基础。接下来的工作，看似深奥，实则是现代科研里面的标准化重复操作。科研人员采用了细胞学研究和大鼠试验证实了 8730 金花菌茶具有明确的润肠通便、降血脂和减肥的功效，也得到多个小规模的人群研究的证实。研究指出，每克茶中 100 万个以上的 8730 菌，在其发酵过程中以茶叶中的各种物质为营养，繁衍生息，对茶叶成分进行改造的同时也制造出属于它自己的生命物质，这些新物质组合在一起共同对人体的生命活动进行调节。比如润肠通便的作用是通过增加小肠的规律运动、缩短排便时间、增加排便量得以实现，全茶粉还具有调节肠道菌群作用。而降脂减肥的作用是通过提高对脂肪和甘油三酯的代谢能力以及降低体内脂肪比例来实现。

自此，茶马古道上的"口口相传"，终于被现代科学重复出来并完美地得到验证。这也是第一次，中国的茶叶科学家运用现代微生物学理论阐明了古老的中国茶，8730 金花菌也被重新定义为"8730 益生菌"，而这一款茶产品被命名为"通茶"，于 2017 年 1 月 18 日在香港推向市场。

不难看出，通茶，是现代科学技术在古人的实践基础之上传承并发展的产物。这一研发项目，并没有完成，而是开启了一个崭新的时代。它就像一座深埋千年的地下城堡被敲开一块砖，一丝阳光透入仅能窥其一隅，但是我们已经能够清晰地闻到历史的厚重气息。这第一块砖的敲开，来之不易，它集聚了商业专家、茶学专家、加工专家、微生物学专家和医学专家的集体智慧，更有茶园农民和传统茶叶匠人的参与。这一全系统的推动，涵盖生物机理研究、微生物发酵研究、工艺流程开发、设备开发、工厂管理和商业运作的方方面面。士不可不弘毅，任重而道远，推动中国茶叶行业继往开来、与科学共发展的道路还很长。

茶叶功能的现代研究

虽然茶叶药用已有上千年的历史，但是它的药用效果一直受到科学技术的限制和行业局限而难以从机理上明确阐释，因而在应用方面也备受限制。近几十年来，随着分析化学仪器和技术的快速发展，茶叶功能性成分的轮廓已经被大致描绘出来。虽然仍不特别清晰，但是足以推进茶叶生物化学方面的研究，进而为医学研究奠定基础。

绿茶是最大化地保持了茶叶原始成分的品类，其化学组成与鲜叶的干物质组成基本一致。现代的科学研究表明，茶叶中的多酚化合物、嘌呤碱、茶氨酸、茶多糖、皂素、维生素和矿物质等是绿茶中的主要健康功能成分。茶叶区别于其它类植物的主要标志成分是茶多酚，茶多酚在绿茶中的含量占干物质总量的 18%~36%，而茶多酚中 70% 是儿茶素。茶多酚是一大类存在于茶树中的多元酚的混合物的统称，也称作茶鞣质或茶丹宁，是茶叶的生物功能基础。

本质上讲，茶叶的加工过程就是对其内涵物质进行转化并固定的过程。茶叶中所含的茶黄酮、茶多糖、茶氨酸等物质在健康功能方面各有特点，但是研究尚欠系统，而过去几十年来科学界对茶多酚的研究非常集中，已经形成体系。在茶叶的各种加工过程中，茶多酚会氧化聚合形成茶黄素，茶黄素可进一步转化为茶红素，在红茶中含量最高。茶黄素和茶红素等多酚类物质进一步与多糖、蛋白质和核酸等物质氧化聚合后会形成茶褐素，在后发酵茶中含量最高。茶黄素、茶红素和茶褐素都是在加工过程中产生的大分子物质，统称茶色素。茶色素的种类和含量决定了茶水的颜色，也决定了这种茶的特定健康功能。已经有很多的健康研究揭示出茶色素与心血管保健等方面有很强的关联性，但是茶色素是一个非常复杂的混合物，检测困难，因此通过规范加工而固定此类大分子混合物的含量标准更会难上一层，截至目前还没有公司能够达到这种能力。尽管如此，在历史经验的基础之上，饮茶的科学理论已融入逐渐丰富的现代科学成果，其提升健康的机理也慢慢地轮廓清晰起来。

爱护健康的人往往都会给自己和家人、朋友选择一些营养品，但是，茶叶不是传统意义上的营养品。狭义上讲，所谓营养品是提供"营养素"的产品，既包括作为宏量营养素的蛋白质、脂肪和糖，也包括作为微量营养素的维生素和矿物质。这些营养素是组成身体结构并维持生命的必要元素。营养素缺乏会导致严重疾病甚至死亡。茶叶虽然也含有一定量的蛋白质、矿物质和维生素等，但是茶叶不是营养素的主要来源。比如，虽然绿茶含有维生素 C，但是每天饮茶 4~8 克所能得到的维生素 C 与一个猕猴桃相比实在是不足一哂，完全达不到人体所需。

但是，茶叶中所含有的生物活性成分对生命活动具有很好的调节作用，能够让我们的机体运转得更顺畅。比如，饮茶使人体对脂肪的代谢更高效；饮茶让机体对胰岛素分泌更及时，进而稳定血糖水平；再比如茶叶的成分让消化淀粉的酶作用更强，在消化道里能迅速将淀粉类食物分解为短链的淀粉和小分子的糖，促进消化避免积食，但同时饮茶还能够降低人体对小分子糖的吸收，因而饮茶兼具促消化和减肥的效果。总之，人不饮茶也可以生活，但是饮茶使人活得更健康。

无论是绿茶、红茶还是普洱茶，同宗同源，都是来自于同一种植物，分子基础相同，因此在人体能够起到的作用也具有很强的关联性。近几十年来，与茶叶相关的基础医学、动物实验、人群研究等已经积累较多，临床研究也开展了一些，茶叶的健康功能得到较为明确的验证和较强的理论支持。在传承中医药历史经验的基础上，现有研究结果已经能够相对清晰地将不同的健康需求与不同的饮茶相对应起来。在接下来的章节中，本节以茶叶能够实现的保健功能为索引，详述医学典籍和现代科研成果所揭示出的茶叶的起效机制，并推荐适宜的饮茶方法，以期帮助读者按照各自的需求选择合适的中国茶，让饮茶成为一种生活享受和健康助手。

饮茶与慢病防控

控制体重

▌保持体重的意义

当前，肥胖已经在全球范围内广泛流行，并取代了营养不良和感染性疾病而跃升为危害人类健康的第一杀手。早在1999年，世界卫生组织（WHO）就已经将肥胖定义为一种疾病。除了遗传因素，肥胖的日趋流行与过量饮食和高能量饮食的关系密切，同时方便快捷的交通方式、以室内为主的娱乐方式和高压的职场氛围都让人们越来越缺乏运动，这些都是导致肥胖的主要原因。

现代社会，肥胖人群越来越多，很多疾病与肥胖都有着或多或少的关系。肥胖患者更容易患上高血压、心脏病等心脑血管疾病；同时，肥胖往往伴有糖、脂代谢功能受损，也使肥胖者容易罹患糖尿病和周围血管病。肥胖者体内脂肪在肝脏堆积，会形成脂肪肝，更严重的是，脂肪肝会进一步恶化而引发肝硬化等疾病。另外，体重大，增加了关节的负重，极易造成关节和软组织损伤。再者，肥胖者患结肠癌的概率也会提高。更严重的是，肥胖会影响性功能和生殖器官，男性肥胖者易患前列腺癌，女性肥胖者易患不孕症、子宫内膜癌和卵巢癌等。其他可能因肥胖引起的疾病还包括呼吸系统疾病、胆结石、水肿、痛风等。除患慢性疾病的风险之外，肥胖极易导致精力衰退，容易困倦。心宽体胖其实是从另一个侧面代表了肥胖之人睡得多，工作时间短，这主要是因为过量的体重需要消耗更多的能量来维持清醒状态，人体自动调节做出了经常睡觉的自我保护反应。所以远离肥胖是远离疾病走向健康的最有效方法之一。

此外，保持良好身材在职场和现代生活中也有着特别的意义。好的身材带来的是朝气和活力，更能够带动身边的人积极乐观地面对困难和挑战；除了增加自信，好的身材意味着健康的生活方式，被看作是良好个人修养的一种体现，从一个方面反映了一个人的自制力，也能为你增加不少印象分。

我们每个人都应该对自己的体重作一个客观的评价，做到心中有数。如果不是健身运动员，建议使用身体质量指数（Body Mass Index， BMI）作为判断体重是否健康的指标，即体重千克数除以身高（米）的平方。例如一个身高 1 米 75 的小伙子，体重 130 斤，也就是 65 千克，他的 BMI 指数就是 $65÷（1.75×1.75）≈21.22$。当 BMI 在 18.5~23.9 之间时，体重正常；超过这一范围就是超重；如果 BMI 高于 28，就属于肥胖。也有科学家通过研究证明，亚洲人身材相对娇小，建议普通中国人的 BMI 在 23 以下，而不是 23.9。此外，也可以借助"体脂率"（即身体上脂肪的质量占体重的百分比）这个指标来看看自己的体重是不是"健康"，身上的脂肪是不是太多了，如果男性体脂率超过 18%、女性超过 28%，就属于体脂率过高。

饮茶与减肥的科学研究

迄今为止，茶叶被研究得最多的功能是减肥，无论是不发酵的绿茶，还是发酵程度位于茶叶之首的普洱熟茶都有助于控制体重。美国《临床营养学杂志》和《药理学杂志》两个重磅的学术期刊上都曾发表过茶叶减肥研究的优秀论文。这些研究指出，茶多酚和咖啡因含量高的绿茶、白茶、乌龙茶等能够提高体内的能量代谢率，提高脂肪的氧化，减少脂肪吸收和能量的摄入，能够帮助人体减轻体重，也有助于减肥后的体重保持。大量研究都指出饮茶减肥的临床证据非常充分。很多流行病学、临床和动物研究都表明绿茶具有调节脂类代谢合并降脂减肥的功效。中国台湾科学家对16~60 岁的 100 名肥胖女性进行了饮绿茶的干预试验，12 周后发现低密度脂蛋白胆固醇（LDL-C）和甘油三酯都显著降低，而高密度脂蛋白胆固醇（HDL-C）升高。美国《临床营养学杂志》上发表了一项对健康男性的研究发现，饮绿茶能显著提高体内脂肪的氧化和能量消耗，同时改善胰岛素敏感性及葡萄糖耐受量，也就是说饮用绿茶不但能帮助身体消耗掉脂肪，还对糖尿病的药物治疗有辅助作用。日本科学家研究发现，普洱茶水提取物显著降低了 36 名肥胖前期患者的体重、腰围、体脂比和内脏脂肪含量。

70kg 50kg

茶黄素是红茶中的主要功效性成分，有科学家从制造红茶的废水中提取了富含茶黄素的多酚类物质，发现其具有显著的抑制胰脂肪酶的活性，这也就意味着红茶中的茶黄素有助于减少甘油三酯的吸收，并且降低餐后高血脂的产生。还有很多类似以上的一些研究，在这里不一一列举。

我国疾控中心所倡导的"管住嘴，迈开腿"的健康生活方式是减肥、控制体重的关键，更深入一步讲，相当于减少能量的吸收或是加大能量的消耗。总结上面提到的机理研究可以看出，饮茶在某种程度上能够帮助人体减少脂肪的吸收、促进脂肪的利用。目前在减肥研究方面较为确认的是绿茶、生普和熟普。

在分子机制方面，目前世界上研究最为集中的是茶多酚中的儿茶素一类物质，特别是其中的 EGCG 是帮助控制体重最重要的茶叶活性成分。EGCG 是从茶叶中分离得到的儿茶素类单体，在绿茶中含量最高且具有较高的生物活性。国内外许多研究表明 EGCG 具有降脂减肥作用，EGCG 可以通过胰岛素信号通路调控下游的脂质生成因子的表达，还可以通过减少血液循环中胆固醇、甘油三酯等含量而减少机体对脂质的吸收以及脂肪的积累，从而起到了预防肥胖发展和缓解高脂饮食导致体重过重的作用。法国学者在 2002 年研究发现，连续服用绿茶提取物（EGCG 25%）12 周，中度肥胖者体重减少 4.5%，腰围减少 4.6%。此外，咖啡因在减肥方面也能够起到重要作用，这一点在咖啡的研究中有非常多的记载。绿茶和生普中儿茶素和咖啡因的含量均高，二者分别抑制去甲肾上腺素酶和磷酸二酯酶，协同起来诱导去甲肾上腺素的生成从而刺激脂肪的生热作用，大大加快脂肪的消耗，进而达到控制体重的作用。生普选用的云南大叶种原料中儿茶素、咖啡因等的含量比普通绿茶更高，因此生普的减肥效果更明显。通过饮茶合理地摄入儿茶素和咖啡因有利于控制体重几乎已经成了科学定论，但并不提倡大量服用儿茶素或是咖啡因制剂来减肥，有部分研究显示过量的摄入弊大于利。绿茶提取物的安全剂量为每天 30 克，相当于 150 克茶叶所提供的剂量，因此通过饮茶不但可以有效减肥，同时无论如何也不会超过这个安全量值。

随着生普的陈化，儿茶素分子缓慢氧化聚合，一些研究显示这些"变了形"的儿茶素同样具有控制体重的作用，因此老生普不仅仅口感更醇和，减肥效果也很理想。

对于普洱熟茶，我们不能将其减肥作用归因于儿茶素。研究指出：对肥胖模型的大鼠而言，各种茶叶中普洱熟茶的减脂效果最好。这很可能是由于发酵过程中的多种有益菌群参与的综合作用。综合来讲，普洱茶抗肥胖的作用效果与机体内本身的脂肪储存量的多少、普洱茶干预时间的长短相关，还与摄入普洱茶的剂量成正相关。研究表明，高剂量的普洱茶，无论生普、熟普，抗肥胖的效果都优于中剂量和低剂量。

▓ 控制体重的最佳饮茶方法

如今市面上各种减肥茶、减肥药和减肥训练营比比皆是，但其实饮茶就可以有效减肥，而且饮茶不像很多减肥药存在腹泻等副作用。

目前认为，各类茶叶都有减肥作用，只是作用机理不同。绿茶和普洱茶都是控制体重的能手，如果我们想保持身材，日常调理，建议一天饮用一小罐 4 克绿茶或者普洱熟茶。虽然绿茶和普洱熟茶一个未经发酵，一个几乎彻底发酵，但二者的所含成分都具有保持体重的明确作用，这也是中国茶叶的神奇之处。如果体重已经超标，可以增大饮茶量，比如每天饮用 2 小罐 8 克茶，或者选择内含物更高的绿茶加强版——普洱生茶。但是需要注意一点，绿茶和普洱生茶茶性偏凉，如果有慢性胃炎或胃溃疡等疾病，应该首选普洱熟茶。

菊花、金银花、玫瑰、山楂和荷叶，都可以复配茶叶，助力保持美好身材。其中菊花、金银花、玫瑰和山楂的添加量可根据个人口味而定，它们也都有着浓重的标志性味道，可能会遮掩茶叶的原香原味，特别是绿茶的鲜爽味道很容易被掩盖。对于起初喝不惯普洱熟茶浓郁"仓味"的消费者来说，添加这些花果可能是个更好的选择。菊花普洱茶、玫瑰普洱茶是很多餐厅的招牌茶饮。荷叶药性较强，性凉，容易引起腹泻，建议添加少量即可，每天拿出 2 克左右搭配茶叶服饮足够。

在冲泡的时候，绿茶和生普中儿茶素等主要有效成分可以很快释放出来，但是普洱熟茶或者老生普中起到减肥作用的功效成分往往需要更彻底的冲泡。因此建议适当延长老生普或者普洱熟茶的冲泡时间，或者多泡几次。从这一角度看，煮饮法是更好的选择，可以让有效成分更充分释放，口感香气俱佳。

需要着重强调一点，降脂减肥是一个"系统工程"，饮茶虽能起到一定的辅助作用，但是"管住嘴、迈开腿"才是关键。此外，包括茶叶在内的任何保健食材都不是越多越好，不是说喝的越多减肥越快，过多饮茶（或者饮水）或过量摄取茶叶提取物反而会加剧代谢负担，产生副作用。

▌冲泡十六式参见：

1. 第一式：绿茶之细嫩芽尖

2. 第二式：绿茶之成熟大叶

3. 第十一式：普洱生茶

4. 第十二式：普洱熟茶

5. 第十六式：煮茶 (老生普和熟普)

调节血脂

▌高血脂的表现与危害

与超重肥胖相伴随的往往是"三高"（高血压，高血脂，高血糖），其中最先出现的常是高血脂，因此降脂减肥也往往被合在一起讨论。简单来说，高血脂是指低密度脂蛋白（LDL）、胆固醇和甘油三酯高于正常水平，大家从体检报告中很容易看出自己的血脂水平。甘油三酯和总胆固醇的正常范围分别是 0.51~1.7mmol/L 和 3.1~5.72mmol/L，如果超过标准值可以判定是高血脂。总胆固醇指所有脂蛋白所含胆固醇的总和，包括低密度脂蛋白胆固醇（LDL-C）和高密度脂蛋白胆固醇（HDL-C）两类。虽然科学界一直存在争论，但目前仍然普遍接受的观点是：LDL-C 是对身体"坏的"胆固醇，HDL-C 是对身体"好的"胆固醇。当 LDL-C 高于 3.12 mmol/L 时就属于胆固醇超标。在这里还要特别指出，我们不能简单地认为吃肉多才容易高血脂、吃糖多容易高血糖、海鲜吃得多容易高尿酸。事实上身体的各项指标都是机体综合代谢的一种反应，糖、脂的代谢能力也是相互影响、互为因果的。以高血脂为例，不是说我们不吃肉少吃油就一定可以降血脂，大量吃糖吃淀粉一样会让我们的脂类代谢异常。也不能说胖人才容易高血脂，因为体型很瘦的人可能存在脂肪代谢能力较低的问题，反而有较大的高血脂风险。

高血脂本身只是一个症状，血脂升高是引起动脉粥样硬化进而导致冠心病、高血压和脑血管疾病的主要原因，也会关联性地影响糖代谢能力，因此肥胖 - 高血脂 - 心血管疾病 - 糖尿病往往紧密相关。《中国居民营养与慢性病状况调查报告》显示，2012 年我国心血管疾病患病人数超过 2.9 亿，死亡率位列我国居民的死因之首。在过去的 15 年里，心血管病等慢性病住院总费用形成了巨大的社会经济负担。因此如果我们说控制血脂利国利民，似乎也不为过。

在这里特别要提示一下"脂肪肝"，饮食不合理或是缺乏运动的超重人群，除了血脂高往往还伴随着脂肪肝。早期的脂肪肝是可逆的，如果不加干预，出现了肝硬化等症状，就不可逆转了。

▌饮茶降血脂的科学研究

目前对于饮茶降血脂的研究已经有很多，对纯茶叶、茶叶提取物以及复配其他中草药的研究都比较多。动物实验、人群试验和临床实验也都从不同角度证明了茶叶对降血脂的作用。人群研究和临床研究较多的是绿茶和绿茶的提取物（茶多酚、EGCG）。

一个国际科学团队于 2007 年发表的一个临床实验结果显示，持续饮绿茶 12 周，肥胖受试者的体重、体脂比、体脂量、腰围、臀围、内脏脂肪和皮下脂肪含量与不饮茶组相比显著降低，LDL-C 含量也明显下降，对心血管疾病预防效果显著。同时，国内外许多研究都已经证明绿茶可以调节脂类代谢，不仅能够降低血液中的甘油三酯、总胆固醇和 LDL-C，还能有效降低器官及组织如肝脏肾脏等的脂质，从而抑制肥胖和高脂血症。有日本学者研究发现，如果每天饮用超过 10 杯绿茶，可以增加血液中 HDL-C，并降低 LDL-C、总胆固醇和甘油三酯，但是对体重没有影响。另一组日本学者对 20 名具有内脏脂肪型肥胖的受试者的研究发现，饮绿茶三个月能让肥胖者的体重、身体质量指数、体脂比、体脂肪量、内脏脂肪和皮下脂肪等都显著降低，而且能降低收缩压，降低 LDL-C。

2009 年在因饮食引起的超重和肥胖患者中进行的一项研究证实了乌龙茶的降脂功效，受试者的体重、皮下脂肪、甘油三酯和总胆固醇等都有不同程度的降低。科学研究发现乌龙茶水提物可增强脂肪组织中去甲肾上腺素诱导的脂肪分解。除了咖啡碱外，乌龙茶中还含有适度氧化的乌龙多酚化合物，这两个成分都能有效增进热量的消耗。乌龙茶除了加速脂肪代谢外，还能够降低胰脂肪酶活性，降低脂肪的消化，并且抑制肠道对脂肪的吸收，是随餐降脂的好选择。而轻发酵乌龙茶，例如铁观音中儿茶素氧化的初级产物，包括茶黄素、儿茶素聚合物等是乌龙茶调节脂代谢的关键成分。

大鼠高脂血症实验表明，普洱熟茶防治高脂血症的作用也很好，且明显高于普洱生茶，可能与普洱熟茶中含有较高的茶褐素、茶多糖和黄酮类物质有关。另外，大鼠试验表明，普洱熟茶能够抑制小肠黏膜对胆固醇的吸收和抑制肝脏胆固醇的合成。

黑茶，尤其是传统茯砖茶对甘油三酯的降低效果比较明显，除了茶叶中固有的活性成分外，一些特定的金花菌（冠突散囊菌）菌株在金花黑茶发酵过程中产生了大量的降脂成分，抑制脂肪消化酶活性，减少单位时间内脂肪的消化吸收，同时金花黑茶特有的通便作用减少了食物成分在消化道的保留时间，从而使一餐饭的吸收时间缩短，以上两个原因减少了食物中脂类成分的吸收，并且改善了胰岛素抵抗，减少脂肪的形成和沉积。国内的科学家 2011 年通过人群实验对安化黑茶的降脂效果进行了分析，结果表明"金花"茂盛的茯砖茶降血脂效果极佳，与历史记载以及大量关于茯砖茶具有降脂减肥效果的小鼠实验结果一致。从这里可以看出，黑茶发挥降血脂作用与发酵菌的代谢产物密切相关，而不是发酵菌本身，我们没有必要担心泡茶或者煮茶会杀死茶叶中的发酵菌。

以上研究结果可以看出，虽然作用机理不同，但是绿茶、乌龙茶、普洱茶和安化黑茶都具有调节血脂的功能。按照个人喜好和体质需求，合理选择一种茶，并将饮茶变成一种习惯，对调节血脂具有很好的辅助作用。

调节血脂的科学饮茶方法

降血脂是茶叶的重要功能。这里着重推荐饮用乌龙茶和包括普洱熟茶在内的各种黑茶。如果饮茶以解食物油腻，可以在饭前泡上 4 克铁观音，随餐饮用，减少脂肪的吸收。如果血脂的指标已经升高，或是有"脂肪肝"现象，可以适当地提高饮茶量，每天 8 克，这时候普洱熟茶和金花黑茶都是不错的选择。有一些研究显示，金花黑茶对甘油三酯的降低作用更明显，对胆固醇的调节作用可能并不显著。葛根、枸杞、山楂和决明子，都可以复配茶叶，作为降血脂的辅助食材。其中葛根和决明子都是传统的中药材，每天取 2 克左右搭配茶叶服饮即可。

在冲泡的时候，对于金花黑茶和普洱熟茶可以多冲泡两次，或者延长些冲泡时间，或采用煮饮法。而铁观音茶应该格外注意及时的茶水分离才能保证口味最佳。

▌冲泡十六式参见：

1. 第八式：乌龙茶之清香型

2. 第十二式：普洱熟茶

3. 第十三式：金花黑茶

4. 第十六式：煮茶（普洱熟茶、金花黑茶）

调节血糖

▌糖尿病的表现与危害

糖尿病是一种慢性代谢性疾病，是由于胰岛素相对不足（可能是分泌量不足、胰岛素调节血糖能力不足、对胰岛素的需求增加等原因）而引起血糖水平的增高。通俗来讲就是体内血糖浓度失控，严重的情况下，血液中过高的糖分随尿液排出。糖尿病的早期并没有明显的症状，病情发展至一定程度可出现饭量增大、饮水增多、小便增多和消瘦"三多一少"典型症状，后期会出现体重减轻、疲乏无力、皮肤发痒等症状。如果这时验血，会发现血糖有明显增高。

目前有三个指标常常作为血糖异常，或者糖尿病的判断标准。第一个是空腹血糖，当其在 3.89~6.1mmol/L 范围内，属于正常。而当这个数值在 6.1~7.0 mmol/L 范围内的时候，就属于空腹血糖受损，应该给予高度注意。如果这个数值稳定高于 7.0 mmol/L 的时候，基本可以判断为糖尿病。第二个指标是糖耐量，也就是一个人对血糖的调节能力。当口服 75g 葡萄糖 2 小时后，如果血糖高于 7.8mmol/L，这就表明我们机体对血糖的调节能力已经受损，如果稳定高于 11.1 mmol/L，基本可以诊断为糖尿病。第三个指标是糖化血红蛋白，也是监测血糖的重要指标，它代表一个人过去两到三个月内的血糖控制情况。

糖尿病并不仅仅是血糖的异常，往往还会合并血压升高、血脂水平异常、体重增加等多种代谢性问题。单纯血糖升高其实影响有限，糖尿病最大的危害是让身体细胞长期"浸润"在高糖的环境中，从而发生的一系列病变，例如，肾脏疾病、视网膜病变等眼部疾病、糖尿病足和心脑血管病变等。上海瑞金医院的宁光院士曾经带领团队与中国疾控中心合作进行了一项研究，旨在调查中国成年人群中的糖尿病发病率及血糖控制情况，研究结果在学术界以及社会各界都引起了巨大震动。该项研究指出：2010 年中国 18 岁以上成年人有 11.6% 患有糖尿病，而前期糖尿病的患病率大约为 50%。城市高于农村，经济水平发达地区高于欠发达地区。更严重的是，中国糖尿病患者病情知晓率不到 1/3，且只有 1/4 接受过治疗。从中国总人口角度看，糖尿病总体规模已达"警戒级别"，而且年轻化趋势比较明显。因此，控制血糖、预防糖尿病是全社会的一个重大课题。

饮茶调节血糖的科学研究

自 20 世纪 80 年代开始，关于饮茶调节血糖进而对抗糖尿病的研究不断取得突破，很多人群研究指出饮茶有助于预防糖尿病。一项由澳大利亚悉尼大学的科学家团队在 286701 位人群中开展的调查研究结果显示，每天饮茶 3~4 杯的人发生 2 型糖尿病的风险较低。另一项美国波士顿地区科学家的研究则提出，每天饮茶 4 杯可使发生 2 型糖尿病的风险降低 30%。日本大阪大学科学家的研究得到了类似的结论，通过对 17413 名日本成年人的研究发现，每天饮用 6 杯以上的绿茶可降低 33% 的 2 型糖尿病发病率。研究还发现，其实不同茶叶都有调节血糖的作用，不同茶叶在调节血糖方面各有特色。

绿茶和生普中含有较高的儿茶素，儿茶素中的 EGCG 可以通过促进胰岛 β 细胞的功能，进而间接促进胰岛素的合成和分泌，调节血糖水平；同时 EGCG 还可以减弱日常高油高糖饮食对胰岛 β 细胞的损伤，让人体的糖代谢功能更完善。儿茶素还可以通过调节基因表达，影响葡萄糖的摄取率，并加快糖代谢效率，共同调节血糖。生普中儿茶素的含量高于绿茶，同时在生普陈化过程中形成的更多茶多糖和茶色素与儿茶素具有协同作用，因此生普的降糖作用更为显著。而六堡茶的降血糖机理也与绿茶和生普类似，只是活性成分不同，六堡茶儿茶素含量较低，但是其经过深度发酵后产生了高活性茶多糖和极高含量的茶褐素，可改善胰岛素抵抗，促进糖代谢。

红茶和金花黑茶对餐后血糖的调节，也就是糖耐量的调节更为显著。红茶中的茶红素和多糖，以及金花菌代谢产生的小分子活性物质能有效抑制小肠黏膜上皮细胞刷状缘内的二糖代谢酶的活性；茶黄素、儿茶素和咖啡因能够进一步增强这一作用，降低餐后淀粉转化为葡萄糖的速度，减少可供肠道吸收的葡萄糖总量，起到稳定餐后血糖的作用。同时，红茶和金花黑茶对淀粉酶的抑制作用较弱，会减少因产气量的增加所导致的胃肠道不适。

在调节血糖的功效成分研究方面，茶多糖不容忽视。茶多糖是茶叶中一类会与蛋白质结合在一起的酸性多糖，不同茶叶里多糖的组成和含量不同。与我们日常吃的白糖不一样，茶多糖不是由六碳的葡萄糖聚合而成，因此也不会分解成葡萄糖，不会导致血糖升高；相反，茶多糖是提高免疫力、抗氧化和调节血糖的功能分子。目前科学研究仅仅揭开了茶多糖神秘面纱的一角，初步探明得知，随着茶叶发酵程度的加深，茶叶产生多种多糖，而且活性各有不同。但是，仍然需要有更多的科学研究为我们更为明确地阐述茶多糖的种类及其各自的功能和作用机理。

调节血糖的科学饮茶方法

对于血糖水平正常的人，我们推荐每天饮用4克左右茶叶来稳定血糖，绿茶和六堡茶都是我们日常调糖的好选择，同时随餐饮用红茶或金花黑茶都可以帮我们稳定餐后血糖。如果血糖水平已有升高，但还不需要药物治疗的情况下，可以考虑在完成医生嘱咐的减肥健身等科目之余，每天饮用8克茶，以起到更明显的防控作用，也可以把浓烈的生普作为饮茶选择。糖尿病患者等血糖异常人群往往对于血糖调节的能力弱，长期服药期间，特别是空腹和运动后常容易出现低血糖的情况，如果短时间大量饮用浓茶更容易出现"醉茶"的不适现象，迅速出现低血糖的症状，因此这类人群不要在空腹或者身体疲劳不适的时候饮浓茶。相对而言，六堡茶、红茶和金花黑茶的作用没有绿茶或者生普那么快，更适合糖尿病患者饮用。

在冲泡的时候，绿茶和生普，冲泡可以较为迅速，因为其中的儿茶素等有效成分会很快释放出来。六堡茶、红茶或者金花黑茶，我们则要尽可能多泡一会，或者多冲泡几次，让茶多糖和大分子的茶色素也能够被充分溶出。对于老生普、六堡茶以及金花黑茶，也可以采用煮饮法，加快"调糖因子"的溶出，口味和香气也更浓郁。

桑叶、苦瓜、肉桂、玉竹和葛根，上述具有一定调节血糖的药食同源植物可与茶叶搭配一起冲泡，添加量应少于茶叶的三分之一。切记不可大量添加上述食材饮用，不但会破坏茶叶本身的甘甜口感和"茶气"，同时还会加重机体的负担。

冲泡十六式参见：

1. 第一式：绿茶之细嫩芽尖
2. 第二式：绿茶之成熟大叶
3. 第十式：红茶
4. 第十一式：普洱生茶
5. 第十三式：金花黑茶
6. 第十四式：六堡茶
7. 第十六式：煮茶（老生普、六堡茶和金花黑茶）

控制血压

高血压的表现与危害

高血压是世界范围内最常见的疾病之一，《中国居民营养与慢性病状况调查报告》显示，2012年我国18岁以上成年人高血压患病率为25.2%，

109

高血压患者大约 2.9 亿人，占全球高血压总人数的 20% 左右，且患病率持续呈上升趋势。当收缩压，也就是俗称的"高压"超过 140mmHg，或是舒张压（低压）超过 90mmHg 的时候，就被诊断为高血压。2017 年 11 月，美国心脏协会在其年会上宣布修改高血压的标准为 130/80mmHg。对于这一数值虽然有争议，但是保持稳定的血压在一定范围内是健康的重要指标。

高血压的症状因人而异。早期可能无症状或症状不明显，较常出现的是头晕、头痛和疲劳等。早期可能仅仅会在劳累、精神紧张、情绪波动后发生血压升高，并在休息后恢复正常。随着病程延长，血压明显持续升高，逐渐会出现各种症状，也就是我们真正说的高血压病。陆续发生头痛、头晕、注意力不能集中、记忆力减退、肢体麻木、夜尿增多、心悸、胸闷和乏力等症状。多数症状在紧张或劳累后会加重。清晨活动后血压可迅速升高，出现清晨高血压，导致心脑血管事件多发生在清晨。在寒冷地区，冷空气非常容易引发瞬间血压升高，因此高血压患者应该尽量避免在寒冷的清晨做剧烈活动。

每年我国因为高血压引发心脑血管意外死亡人数大约为 300 万人，其中 90％的高血压患者死于高血压并发症。有一项研究显示高血压患者平均寿命只有 54.7 岁，比正常人少活 20 年。高血压会引起动脉硬化，造成血管脆化，极易造成血管破裂，也就是高血压病最严重的并发症脑出血，可以致残致命。此病男性发病率较高，多见于 50～60 岁的人。但年轻的高血压患者也可能发病。其他的并发症包括心梗、脑梗、尿毒症、肾衰竭等都很严重。

除去遗传因素，高盐饮食（钠盐摄入过多）、超重及肥胖、过多吸烟饮酒、精神过度紧张都会增加高血压的患病风险。

饮茶调节血压的科学研究

相比于调节血脂和血糖，饮茶调节血压的人群研究较少。另外由于实验设计及管理的限制，临床研究的开展格外困难。大多数研究基本停留在动物实验和分子水平的研究，饮茶降血压的效果还无法被充分验证。另外，从医学角度来讲，饮茶有利尿作用，能够辅助性起到降血压的效果；但与此同时，不适度的大量饮水又会引起血容量的增加，进而升高血压，因此高血压人群饮茶应以适度为宜，更是需要精心、精致饮茶。

尽管探索饮茶调节血压作用的研究困难重重，世界各国的科学家还是不断从不同的层面去探知茶叶及茶提取物对血压的影响，结果可谓令人十分欣慰。

目前已有的人群研究仅限于几个使用红茶的研究报告。早年一项挪威调查研究表明，服用红茶能够有效降低收缩压。而二十年后的 2012 年，澳大利亚学者的研究得到了类似结论：持续 6 个月饮用红茶有一定降血压作用。然后，欧洲学者们于 2013 年综合分析部分研究结果也报告指出：持续饮用红茶对调节血压有益。

在分子与细胞生物学层面，很多年前科学家们就已经知道茶多酚具有一定的降压作用，EGCG 有抑制血管紧张素引起的血管平滑肌细胞增殖肥大，改善血管内皮细胞的功能，并且改善血流，让血管更通畅。

近十年通过研究发现茶黄素、茶氨酸等茶叶成分同样具有调节血压的功能。红茶中富含的茶黄素能够抑制血管紧张素酶的活性，进而起到降血压的作用。日本学者的研究提示，茶黄素的降血压活性要强于 EGCG。茶氨酸通过降低中枢及末梢神经系统中 5- 羟色胺（5-HT）的浓度来达到降血压的作用，当摄入茶氨酸后，5- 羟色氨在大脑中的合成减少、分解加速，同时科学家在大鼠实验中还发现对于正常血压的大鼠，茶氨酸的摄入不会让血压进一步降低。

另外，γ- 氨基丁酸的降血压效果也不容忽视，虽然它不是茶叶中所特有，但是有一些茶叶品种富含 γ- 氨基丁酸，其是一个非常好的天然媒介和载体。γ- 氨基丁酸是一个很好的调节脑神经功能的成分，它的降血压功效也在日本科学家的研究得到了明确的证实。γ- 氨基丁酸抑制血管紧张素酶的活性起到降压作用，很多研究建议通过直接服用 γ- 氨基丁酸或者多摄入富含 γ- 氨基丁酸的食品来促进健康。白茶中茶氨酸的含量在 3% 左右，而 γ- 氨基丁酸的含量最高可达 0.1%，如果每天饮用 8 克白茶，就可以额外摄入 200mg 左右的茶氨酸以及 10mg 左右的 γ- 氨基丁酸，均会达到有效的补充剂量。茶氨酸和 γ- 氨基丁酸都已被批准为我国的新食品原料，可以在各类食品中添加。其实喝白茶是一种补充它们最方便天然的方式。现在我国台湾等地区的一些科学家开始研制通过选育好品种和优化工艺来开发含有较高水平的 γ- 氨基丁酸的乌龙茶，未来有望推出在调节脑神经的同时有效调节血压的功能茶。

总结起来，茶多酚 EGCG、茶黄素、茶氨酸、γ- 氨基丁酸是茶叶中对调节血压作用较为明确的成分。红茶富含茶黄素，白茶不但含茶氨酸比较高，含 γ-氨基丁酸也相对较高，因此红茶和白茶是辅助调节血压的好选择。最后，虽然绿茶和生普茶多酚含量高，但其中富含的咖啡因作用也比较直接且强烈，为避免高血压患者情绪激动，不建议长期大量饮绿茶和生普。

▍调节血压的科学饮茶方法

饮茶降血压是指长期饮茶对高血压或者血压偏高人士的血压有一定调节作用，并不是像服用降压药一样立即见效，同时喝茶不能代替运动和药物治疗。如果我们急于求成，大量短时间喝浓茶反而会导致咖啡因等物质大量摄入，兴奋过度，心跳加快，血压瞬时升高，造成不必要的麻烦。因此平缓适量，而非瞬时大量，是饮茶降压的诀窍。尤其对于高血压患者应避免短时间内快速饮用浓茶。

各类茶叶都有一定调节血压的作用，除了研究最多的绿茶之外，白茶和红茶也被证明具有较好的调节血压的作用。白茶中含量较高的茶氨酸是降血压的关键，茶氨酸会快速溶解在茶汤中，因此第一泡是白茶的"降压精华"，每天 4~8 克的白茶有助于调节血压。另外，老白茶很多时候被认为有更好的药用价值，但也不能一概而论。单就降血压而言，白茶中的茶氨酸以及 γ-

氨基丁酸含量至关重要，而白茶在存放过程中氨基酸的含量是逐渐降低的，而缓慢氧化发酵产生的新物质并未发现有明显的降血压功效，因此老白茶的降血压效果并不如新白茶明显，煮老白茶降血压意义不大。对于新白茶，由于其中还含有较多的苦涩的儿茶素，青草香气也比较重，并不适合煮饮，按照我们推荐的方法冲泡即可。

红茶的茶黄素是关键的活性物质，它的溶出也较快。红茶中的茶红素也参与调节血压，但是茶红素分子量较大，溶出较慢，为了保险起见，我们可以适当延长红茶的冲泡时间以达到红茶应有的降压功效。无论白茶还是红茶，建议每天至少饮用 4 克。

使用菊花、杜仲叶、三七、罗布麻适量搭配茶叶有助于血压调节。杜仲叶、三七、罗布麻属于我国传统中药材，在保健食品中常有添加，配合白茶和红茶的口味可添加少许，一般一天不宜超过 2 克。

冲泡十六式参见：

1. 第五式：白茶之细嫩毫尖
2. 第六式：白茶之成熟大叶
3. 第十式：红茶

降低尿酸

高尿酸血症与痛风的成因与危害

高尿酸血症（hyperuricemia）是指由嘌呤代谢和尿酸排泄障碍所导致的血中尿酸水平增高，发展到后来会出现痛风症状。痛风发作疼痛难忍，它不仅可以侵犯骨和关节，而且还容易造成肾脏和心血管问题。目前认为男性血尿酸水平超过 420 μmol/L，女性尿酸水平超过 357 μmol/L，即属于高尿酸血症。随着高尿酸血症发病率的升高，传统"三高"已经变成了包括高尿酸血症在内的"四高"。

现代医学研究指出，痛风是由单钠尿酸盐（MSU）结晶为痛风石沉积在关节而导致的病痛，与嘌呤代谢紊乱和（或）尿酸排泄减少所致的高尿酸血症直接相关。急性痛风发作快疼痛剧烈，严重影响日常生活，而慢性痛风会破坏关节结构。痛风较多发生在外伤、饮食过量或相关疾病之后，常发作于肢体远端关节，如足部，有的也会因尿酸盐结石至肾部而引起肾绞痛。痛风患者还常伴腹型肥胖、高脂血症、高血压、2 型糖尿病及心血管病等疾病。目前痛风及高尿酸血症尚无特效疗法，西药缓解症状快，但不能根治，停药后容易反复。

痛风顽疾的直接导火索就是长期的尿酸高，而人体尿酸的主要来源是嘌呤物质的代谢，如果嘌呤代谢能力紊乱，就会导致体内尿酸值发生变化。人体内的嘌呤大约有三分之一来源于食物摄入，另外三分之二是在生命活动过程中人体自身细胞内核酸代谢生产出来的。与调节身体机能相比，合理饮食是比较容易控制体内嘌呤的方法。高嘌呤的食物主要有：鹅肉、动物内脏（肝、肾、肠、心和脑）、鳗鱼、鲱、鱼卵、鱼皮、虾米、贝类（如扇贝、蚝）、发酵粉等。常见食物嘌呤含量可参考下面的表 3。因为酒精易使体内乳酸堆积，对尿酸排出有抑制作用，所以饮酒容易诱发痛风的急性发作。因此有人将痛风称作"酒肉病"，啤酒和海鲜更是被扣上了"痛风因子"的帽子。其实痛风是由综合因素造成的，不能简单地认为啤酒和海鲜是唯一的诱因，多运动，保持良好的生活方式，提高身体机能，才能让我们远离病痛。

表 3 常见食物嘌呤含量   单位：mg/100g

名称	含量	名称	含量	名称	含量	名称	含量
甘薯	2.4	鸽肉	80	凤梨	0.9	草莓	21
荸荠	2.6	牛肉	83.7	菠萝	0.9	瓜子	24.2
土豆	3.6	兔肉	107.6	葡萄	0.9	杏仁	31.7
树薯粉	6	羊肉	111.5	苹果	0.9	栗子	34.6
小米	7.3	鸭肠	121	梨	1.1	腰果	80.5
玉米	9.4	瘦猪肉	122.5	西瓜	1.1	花生	96.3
高粱	9.7	鸡心	125	香蕉	1.2	干葵花籽	143
芋头	10.1	猪肚	132.4	桃	1.3	海参	4.2
米粉	11.1	猪腰子	132.6	枇杷	1.3	海蜇皮	9.3
小麦	12.1	猪肉	132.6	阳桃	1.4	鳜鱼	24
淀粉	14.8	鸡胸肉	137.4	莲蓬	1.5	金枪鱼	60
通心粉	16.5	鸭肫	137.4	木瓜	1.6	鱼丸	63.2
面粉	17.1	鹿肉	138	芒果	2	鲑鱼	70
糯米	17.7	鸡肫	138.4	橙	3	鲈鱼	70
白米	18.1	鸭肉	165	橘	3	鲨鱼皮	73.2
面条	19.8	猪肝	169.5	柠檬	3.4	螃蟹	81.6
糙米	22.4	牛肝	169.5	哈密瓜	4	乌贼	89.8
麦片	24.4	马肉	200	李	4.2	鳝鱼	92.8
薏米	25	猪大肠	262.2	番石榴	4.8	海带	96.6
燕麦	25	猪小肠	262.2	葡萄干	5.4	鳕鱼	109
米糠	54	猪脾	270.6	红枣	6	旗鱼	109.8
猪血	11.8	鸡肝	293.5	小番茄	7.6	鱼翅	110.6
猪皮	29.8	鸭肝	301.5	黑枣	8.3	鲍鱼	112.4
火腿	55	熏羊脾	773	核桃	8.4	鳗鱼	113.1
猪心	65.3	小牛颈肉	1260	龙眼干	8.6	蚬子	114
猪脑	66.3	杏	0.1	桂圆干	8.6	大比目鱼	125
牛肚	79	石榴	0.8	大樱桃	17	刀鱼	134.9

（谷物类：甘薯～燕麦；肉类和动物制品：米糠～牛肚起；肉类和动物制品：鸽肉～小牛颈肉；水果干果：杏、石榴、凤梨～大樱桃、草莓～干葵花籽；水产品：海参～刀鱼）

续表

	名称	含量		名称	含量		名称	含量		名称	含量
水产品	鲫鱼	137.1	水产品	生蚝	239	蛋奶类	牛奶	1.4	调料类及其它食材	米醋	1.5
	鲤鱼	137.1		鲲鱼泥	247.3		皮蛋白	2		糯米醋	1.5
	虾	137.7		三文鱼	250		鸡蛋黄	2.6		果酱	1.9
	草鱼	140.3		紫菜	274		鸭蛋黄	3.2		番茄酱	3
	黑鲳鱼	140.3		吻仔鱼	284.2		鸭蛋白	3.4		粉丝	3.8
	红魽鱼	140.3		蛙鱼	297		鸡蛋白	3.7		冬瓜糖	7.1
	黑鳝	140.6		蛤蜊	316		皮蛋黄	6.6		味精	12.3
	吞拿鱼	142		沙丁鱼	345	豆和豆制品	大豆	27		酱油	25
	鱼子酱	144		秋刀鱼	355.4		豆浆	27.7		枸杞	31.7
	海鳗	159.5		皮刀鱼	355.4		红豆	53.2		味噌	34.3
	草虾	162		凤尾鱼	363		豆腐	55.5		莲子	40.9
	鲨鱼	166.8		扁鱼干	366.7		花豆	57		黑芝麻	57
	虱目鱼	180		青鱼	378		菜豆	58.2		白芝麻	89.5
	乌鱼	183.2		鲱鱼	378		熏豆干	63.6		银耳	98.9
	鲭鱼	194		干贝	390		豆腐干	66.5		白木	98.9
	吴郭鱼	199.4		白带鱼	391.6		绿豆	75.1		鸡肉汤	<500
	四破鱼	217.5		带鱼	391.6		黄豆	116.5		鸡精	<500
	鱿鱼	226.2		蚌蛤	436.3		黑豆	137.4		肉汁	500
	鲳鱼	238		熏鲱鱼	840		绿豆芽	166		麦芽	500
	白鲳鱼	238.1		小鱼干	1538.9		黄豆芽	500		发芽豆类	500
	牡蛎	239		白带鱼皮	3509		蜂蜜	1.2		酵母粉	559.1

嘌呤含量等级：超过 150mg/100g（红色），痛风期不宜食用；50~150mg /100g（蓝色），痛风急性期不宜食用；小于 50mg /100g（绿色），适宜食用。

饮茶调节尿酸的科学研究

很多古书上对于饮茶抑制痛风都有记载。当代的科学家对于绿茶、红茶、黑茶以及茶色素提取物等都曾做过研究并取得很好的结果，部分揭示出饮茶降低痛风发作的机理。现有的研究比较认可的是茶叶中的有效成分能通过抑制嘌呤合成尿酸以及促进尿酸排泄两种途径，缓解痛风的发生与发展。

有一些人群研究验证了饮茶能够降低痛风风险的结论。2008 年有研究人员在我国青岛开展的一个研究显示，饮茶可能通过促进尿酸排泄来降低患痛风的风险；一项在我国广东佛山的调查指出：饮茶、食用新鲜蔬菜和水果是对抗高尿酸血症的有效手段。

另外一些分子水平的机理研究从更深层次阐述了饮茶减少痛风风险的原因。红茶在这些研究中显示出更为明确的作用。

红茶中的儿茶素和茶色素具有协同作用，在体内它们抑制肝脏中负责尿酸合成的黄嘌呤氧化酶的活性，进而使体内嘌呤物质转化为尿酸的速度变慢，尿酸生成量减少，从而起到降低血尿酸水平的作用。嘌呤比尿酸的溶解度高，更易于被排出体外，不易形成痛风结石。同时血尿酸水平的下降还有助于已经形成的尿酸结石重新溶解，进而排出体外。此外，黄嘌呤氧化酶促进尿酸生成的过程往往伴随氧自由基的产生，而且这一途径是体内氧自由基的重要来源。红茶多酚的抗氧化作用可以有效地清除在尿酸合成过程中产生的氧自由基，减少后者对机体的氧化损伤。

我国科研人员曾对比了黑茶、红茶及白茶对氧嗪酸钾致小鼠高尿酸血症的影响，结果指出这几类茶都能不同程度地降低小鼠的血尿酸水平，而黑茶的效果更为显著，但是黑茶的这种保护作用的机理尚未被清晰阐述，有待更多的研究工作来为我们揭示其中的奥秘，这同时也需要从标准化加工、成分的化学分析以及机制研究的整体协调互动。

纯茶叶之外，近年在茶叶提取物方面的研究也大有进展。有研究揭示如果使用茶色素分子提取物来治疗痛风和高尿酸血症，具有温和、持久和停药后不易反弹等优势，实验结果显示茶色素服用 1 个月后，血尿酸从治疗前的 $566.95\pm97.41\,\mu mol/L$ 降到了 $467.04\pm94.01\,\mu mol/L$。这一研究为科学家们指出利用茶色素组分进一步开发降尿酸药物的思路，未来有望开发出治疗痛风的药物。

调节尿酸的科学饮茶方法

基于上述饮茶调节尿酸的科学研究，推荐饮用红茶。其实，各类茶叶都具有不同程度的调节尿酸代谢的功效。尤其是发酵程度比较高的乌龙茶，在成分上与红茶非常接近，因此作用也十分相似。

儿茶素和茶黄素作为红茶调控尿酸的功效成分，很快就可以大量溶出。如果作为日常调节，推荐每天 4 克红茶，也可以餐后饮用红茶，这时我们可以适当延长红茶的冲泡时间，让有效成分更多地溶出。但是，不应该把喝茶看成是海鲜和啤酒的"解药"。

牛奶、红糖、柠檬等可搭配红茶调饮，但对于尿酸高的人群，应该注意控制食物总能量的摄入。在调饮红茶的时候少加糖，建议少量搭配柠檬辅助调节尿酸的功效。另外，益母草属于保健食品用食材，有一定辅助降尿酸的功效，可以少量搭配，用于调饮。乌龙茶最突出的优势特点为其浓郁的香气，如果与其它花草牛奶等调配饮用，对其突出的香气掩盖较大，有些可惜。

有部分观点认为痛风患者不宜喝浓茶，认为喝浓茶可能会加剧痛风石的形成，这种观点没有足够科学依据。但很多痛风患者在服药期间是否适宜饮茶，或是饮浓茶还需要药剂师的判断。

冲泡十六式参见：

1. 第八式：乌龙茶之清香型

2. 第九式：乌龙茶之浓香型

3. 第十式：红茶

防癌抗癌

■癌症的流行趋势与科学预防

2017 年 2 月，国家癌症中心发布了中国最新癌症数据，汇总了 2013 年全国 347 家癌症登记点的发病和死亡数据。数据显示，我国癌症患者占全球癌症患者总量的将近 40%，是一个癌症大国。在我国平均每分钟就有 7 个人患癌。中国城市居民从 0~85 岁累计发生患癌风险高达 35%，也就是每个人一生患癌概率都超过三成。40 岁是我国癌症发病年龄的分水岭，40 岁以前发病率较低，之后迅速拉升，80 岁是高峰。中国大 / 中 / 小城市的癌症平均发病率差异明显，发病率呈"U"形，中型城市，如重庆、武汉、济南、福州、温州等发病率最低。但由于城市化水平越高，医疗卫生条件越优越，癌症治疗手段就会更先进，因而大城市癌症死亡率比小城市低了近 20%。

癌症的发生是一个十分复杂的过程，是遗传和环境等多方面共同作用的结果。科学研究逐步揭示出不良的生活和饮食习惯、环境污染、生活压力增大都是致癌的关键因素。随着其它恶性疾病的逐渐减少，相对而言，社会上对癌症的报道越来越多，因而现在人人"谈癌色变"，随之而来各种理性的、不理性的抗癌宣传也就大量涌现，如节食抗癌、素食抗癌、吃虫草抗癌，抗癌食品保健品都有了很好的销路。抛开遗传因素，积极乐观的心态、适量合理的运动和均衡膳食是预防癌症的三味良药。非常值得欣慰的是，大量的科学研究已经很明确地揭示出，大自然赐予我们的茶叶是防癌抗癌的神奇树叶。

■ 饮茶抗癌的科学研究

浏览科学文献，我们可以轻而易举地找到上千项茶叶抗癌的科学研究，有体外研究、动物试验、流行病学研究，甚至还有个别的临床干预研究。虽然我们不可能单纯靠饮茶阻止癌症的发生，但可以肯定的是，合理饮茶是"抗癌健康生活方式"中的重要一项。

关于茶叶抗癌的记载由来已久。从 20 世纪 60 年代开始，已有大量研究报道了茶与防癌抗癌的关系，特别是绿茶和各类茶叶中以不同形式存在的茶多酚的抗癌作用的研究非常多。科研报道饮茶可能有效抑制的癌症包括：胃癌、食道癌、肠癌、肝癌、胰腺癌、肺癌、口腔癌、皮肤癌、膀胱癌、乳腺癌和前列腺癌等。临床研究虽然尚少，但是人群流行病学研究在全世界已经有几百项，均显示出正面的效果，给我们以很大希望。抽取众多研究中的几个科研项目也许能帮助我们更好地理解这些饮茶抗癌的证据。在 2002 年陈君石院士带领的科学家团队发表了一项茶与癌症的临床研究结果，这项研究使用混合茶对经病理检查诊断为口腔黏膜白斑的患者进行 6 个月的临床对照，结果显示混合茶可改善口腔黏膜白斑的病损，并预防口腔黏膜组织的 DNA 损伤和抑制其增殖，从而降低口腔癌前病变癌变的危险性，这说明饮茶可能对人类口腔癌有预防作用。一项在我国东南地区进行的研究发现饮用绿茶降低前列腺癌发病风险，也就是饮茶的人患前列腺癌的概率低。美国吉利德科学公司在上海的研究结果显示，对于不吸烟的女性，经常饮茶者患肺癌的风险降低了 35%；但对于吸烟女性，即便喝茶也不能减少癌症的发生，这个结果提示我们饮茶是健康生活方式的一部分，而并非灵丹妙药。另一个针对中国女性的研究在结直肠癌方面得到了类似的结论，长期坚持每日饮绿茶 5 克以上可有效降低结直肠癌发病率，而且饮茶量及饮茶年限都与结直肠癌风险存在显著的剂量关系，就是说长期、大量饮茶可以明显降低癌症风险。之后同样的研究在男性受试者中也得到相同的结果。日本的一项长期人群观察研究显示，每天饮茶，尤其是每天饮 10 杯以上的人群癌症患病率明显降低。中国台湾等地区的研究也发现，饮绿茶者患有胃癌或其他慢性消化道癌症的风险会比不饮茶者低一半左右。

除此之外，世界各地的研究人员分别对食管癌、胃癌、胰腺癌、子宫内膜癌等很多种癌症均进行了人群流行病学研究，结果显示非常一致，即饮茶会降低各种癌症的发病风险，而且存在剂量关系，也就是说：长期坚持饮茶能够防止癌症发生和控制癌症发展。

癌症的发生是一个体内、体外、情绪、物质多重因素共同作用的结果，癌症治疗的时间非常紧迫，基本都是一经发现需要立即采取综合疗法。因为茶叶的天然性导致其内有效成分是一种复杂组合，与单分子的化学药物截然不同，因而时间紧迫的综合治疗需求与复杂的茶叶标志物的鉴别困难之间的矛盾，导致了临床研究在设计和管理方面都加倍复杂，所以截至目前饮茶抗癌的临床研究非常少。但是动物研究和体外研究已经得到了充分的发挥。其实在学术界很少出现全世界学者如此集中地研究同一类植物的现象，但是似乎茶叶的复杂性让科学家总是能够产生新的发现，很少令人失望，因而研究者众多。对于研究者而言，研究茶叶不仅能够在工作上产出成果，更可以在工作之余享受香茗，真是一个求之不得的美差。

近半个世纪以来，各国在癌症研究方面投入巨大，茶相关的研究也非常丰富，尤其是关于绿茶儿茶素和 EGCG 的研究更是多到数不清，其较强的防癌抗癌的活性得到了一致认可，很多学者甚至认为 EGCG 本身就是一种天然的物质。但是，将茶叶中的 EGCG 提取物开发成为一个有效的抗癌药物还有待更多的机制研究的探索和临床研究的验证。

在癌症的研究领域，从更广的纬度讲，目前普遍认为多酚类物质具有较为明确的抗氧化和抗癌的效果。茶叶中特殊的多酚类物质，茶多酚，尤其是儿茶素和 EGCG，是抗癌作用更为突出的多酚。首先儿茶素具有抗氧化活性，通过干预活性氧防止癌变反应的发生。此外，儿茶素对很多癌症发生过程中的关键代谢酶、细胞信号受体都有调节作用，从而阻碍细胞癌变进程，并对癌细胞有杀伤作用。简单理解就是茶多酚能够把癌症产生过程中的关键道路关闭，让细胞癌变无法开启。比如，绿茶有助于维持肝脏中 GSH（谷胱甘肽）的水平，可以增强对外源致癌物质的解毒作用，让所谓的"致癌物"难以得逞。除去预防癌症发生，高儿茶素绿茶能够抑制癌症细胞的增长，还有抑制癌组织血管新生的活性，从而抑制癌细胞的扩散，辅助抗癌。此外，还有很多研究指出绿茶具有辅助药物治疗癌症的功能。例如，儿茶素可以增加抗肿瘤药物的抑癌作用，甚至可以逆转肿瘤的耐药性，降低抗肿瘤药物的副作用。

虽然关于 EGCG 的研究已经很多，但是现有的研究无论在机制机理方面还是在临床验证方面，都离最终的完整结论相去甚远。茶多酚存在的形式不仅仅是 EGCG 那么简单，在茶叶加工过程中小分子的茶多酚氧化聚合的产物是另一种形式的多酚，这些大分子的多酚物质抵抗肿瘤的作用机制，还需要更多的研究来发现和验证。

现下唯有一边等待科学家们不断探索和发现，一边享受茶叶带来的丰厚味道和感悟。如果一定要有个结论，那我们说：多喝茶，少生气，健康生活不得癌。

▌辅助防控癌症的科学饮茶方法

从上面的介绍我们能够看出，世界各地的饮茶者在实践中印证了长期坚持饮茶能够防止癌症发生和控制癌症发展。但是癌症发生发展是多因素的复杂进程，因生活方式而不同、因遗传基因而不同，因人而异，没有一个标准的《饮茶抗癌手册》，当然世界上也没有任何东西能够被称作是真正的抗癌食品。

既然关于绿茶的研究最多，证据最多，当然首先是推荐绿茶；而作为绿茶加强版的生普，自然也是排在推荐的前列。绿茶和生普的茶性寒凉，有些人喝了胃会不舒服或者影响睡眠，这种情况可以选择发酵较轻、茶性转温，同时茶多酚的分子结构也相对接近绿茶的铁观音。另外，世界卫生组织、各国的癌症协会等对于防癌抗癌的建议都会把保持阳光健康的心理作为重点，而保持机体各部机能通畅、保持适宜的免疫力也是健康长寿的关键。关于茶叶对癌症的复杂功能目前尚有很多领域未被完全理解和研究清楚，因此饮茶不应是教条的。我们都知道饮茶怡情，冬日午后，围炉而坐，煮一壶黑茶，不失为一种调节情绪、调理身体、健康生活的适宜方式。生活如此美好，癌症也不会来打扰。

前面多次提到需"长期坚持"饮茶并达到一定的饮茶量才能够起到降低癌症风险的效果，而在日本的人群观察研究显示，每天喝 10 杯绿茶的人群癌症发病率低。因此，建议每天至少饮用 1~2 个小罐，即 4~8 克茶，同时要保证足够的冲泡时间。

现在市场上有很多绿茶提取物，或 EGCG 的保健品，一个小小的胶囊，相当于一天喝了几十克茶叶所含的单一成分。由于在一段时间内关于 EGCG 抗癌活性的研究铺天盖地，很多人沉溺于 EGCG 的抗癌功能，将喝茶这样一种享受转变为了每日服用 EGCG 这一机械化动作，服用远超过我们日常饮茶能摄入的 EGCG。但是，现在也有一些研究指出，绿茶中 EGCG 等儿茶素分子都有很强的活性，大量服用物极必反，已经发现一些不良反应，甚至有报道称这可能反而会诱导癌症的发生，但是这也没有确切的证实。因此，科学适量才是健康的保障。如前文所述，每天饮用 4~8 克绿茶，或者根据个人喜好适当增减，既能够辅助防癌，也是一种美味享受，何乐而不为。

平常不饮茶的人往往会觉得绿茶有些苦涩，可以加入柑橘、蜂蜜一起调饮，不仅口味更怡人，还有一定辅助抗癌的作用。

▌冲泡十六式参见：

1. 第一式：绿茶之细嫩芽尖
2. 第二式：绿茶之成熟大叶
3. 第八式：乌龙茶之清香型
4. 第十一式：普洱生茶

饮茶与预防保健

提神醒脑抗疲劳

▌保持活力抗疲劳

快节奏已经颠覆了我们的生活方式。上下班的拥堵旅程和长途驾驶、一天 8 个小时连轴转的会议、高强度不分昼夜的加班、打游戏刷夜，已经变成了部分人现代生活的组成部分。从学生族到上班族，再到企业高管，都希望自己的精力可以更旺盛一点，让自己活得更有效率，更加精彩。为什么会产生倦怠疲劳，从科学的角度大致可以分为四类原因：（1）体力疲劳，指过度劳累后血液中二氧化碳和乳酸增多导致的肌肉疲劳；（2）脑力疲劳，是指长时间用脑后引起脑的血液和氧气供应不足；（3）精神疲劳，是长期超负荷运行形成慢性疲劳，精神压力过大也是重要原因；（4）病理疲劳，是自身疾病产生的代谢与分泌紊乱、失调所致。如果一个人未发现局部器官病痛症状，却经常出现疲劳的话，这有可能是病症即将出现的先兆，需到医院认真地检查，这种疲劳不在我们讨论范畴里。

正如广告词中说得那样："你的能量超乎想象"，将自己的能量调动起来已经成了现代人的必修课。我们发现喝咖啡的人越来越多，能量饮料和能量食品俨然成了商界宠儿。有调查报告显示，很多人喝咖啡的理由很简单，就是为了提神，而咖啡所具有的解渴功能、香浓体验以及潜在的健康价值并不重要。这些能量饮料已成了我们另一个提神必备之选，办公室、汽车、地铁站、娱乐场所里能量饮料罐随处可见，有些年轻人似乎把喝能量饮料当成了一种时尚与需求的完美结合。但在欢乐之余，人们也不由得担心过多的咖啡因和牛磺酸的摄入会引起提神过度，甚至会导致心脏负荷过大。

我们在享受咖啡和现代工业造就的能量饮料的同时，似乎忘记了茶叶，这个属于我们自己的"天然温和的标准兴奋剂"。茶叶中同样含有咖啡因，还有能够帮助咖啡因缓慢释放，让提神效果更为持久的茶氨酸。饮茶，饮对茶，我们的生活可以更加有精神，有味道。但是茶叶种类那么多，我们应该如何选择自己的提神佳品呢？

饮茶与提神的科学研究

自古就有茶叶能通过清心神而醒昏睡，令人神清气爽的说法，所谓心藏神，心热则神昏，心神昏则多睡不醒。茶叶苦甘而寒，入心经而清心降火，心神既清，则多寐可愈。与咖啡一样，茶叶提神醒脑主要是通过咖啡因起作用。咖啡因是大脑中腺苷受体的拮抗剂，可以促进兴奋信号传递，拮抗抑制信号传递，从而起到兴奋中枢神经的作用。

绿茶中咖啡因含量在3%以上，生普可能更高，80%以上的咖啡因在冲泡两分钟内中就会充分溶出。如果一次饮用4克绿茶，相当于摄入大约100毫克的咖啡因，大概相当于9克咖啡粉，即一杯普通咖啡的咖啡因含量。但是与咖啡不同的是，绿茶、白茶和新生普中含有较高的茶氨酸，一方面具有天然的令人愉悦的作用，在中枢神经抑制咖啡因引起的过度刺激；另一方面，通过改变咖啡因的吸收速度，延长咖啡因在体内停留的时间，让兴奋作用更持久。因此，茶叶中咖啡因和茶氨酸的组合使得茶叶的兴奋作用强度适当、时间持久。有人说，如果你马上要参加一个一小时的考试，喝咖啡效果更剧烈；但你要开半天会，长途驾车或是娱乐，茶叶可能会让你兴奋得更持久。

实验数据显示，乌龙茶、红茶、黑茶、熟普洱等的咖啡因含量其实并不低，但它们的提神效果似乎不如绿茶、生普和新白茶，这可能是因为在茶叶制作氧化发酵过程中咖啡因与其他成分结合在一起，改变了咖啡因在体内的吸收效率或速度，因此茶叶是提神醒脑的更好选择。

有一点需要注意的是，有些人对咖啡因非常敏感，摄入会导致心跳加速甚至气短，此类人不但不应该喝咖啡，同样也应该谨慎饮用绿茶和生普洱。另外，咖啡因有利尿的作用，喝咖啡利尿效果很快，而喝茶的利尿作用会相对缓慢一些。因此，对于那些比较敏感的人在出席神经紧张的会议或其它重要事件之前，也应该谨慎饮茶和咖啡，应该至少提前半小时做准备。

▌保持活力的最佳饮茶方法

基于上述饮茶与提神的科学研究，我们更推荐饮用绿茶、生普和白茶。生普和白茶应选择新茶，而非传统意义上价格更高的"老生普"和"老白茶"，因为老茶经长期氧化发酵，能被我们直接利用的咖啡因相对较少，帮助咖啡因缓释的茶氨酸含量也会明显下降，这都不利于提神抗疲劳。

咖啡因和茶氨酸在热水中溶解性极高，如果需要提神，请不要把第一泡弃掉，因为这样可能损失一半以上的咖啡因和茶氨酸。如果你衷情于润一下茶，润茶时间不应超过 10 秒钟。高强度工作的白领，长时间驾驶的司机师傅，为了保证提神的效果，一次需至少冲泡 4 克茶叶，如果对提神抗疲劳的要求更高或是时间更长，应冲泡 8 克茶叶。

需要特别提示的是，如果长期高强度的工作导致极度困倦疲劳，身体不适，这是机体提醒你该休息了，我们不提倡喝茶"硬撑"，或是加大饮茶量，用浓茶来"麻痹"自己。另外，生普这种作用强烈的茶叶，在身体不适时大量饮用会出现明显的"醉茶"现象，表现为头晕不适感，不但不能提神，反而会适得其反。

▌冲泡十六式参见：

1. 第一式：绿茶之细嫩芽尖

2. 第二式：绿茶之成熟大叶

3. 第五式：白茶之细嫩毫尖

4. 第六式：白茶之成熟大叶

5. 第十一式：普洱生茶

抗菌消炎

▍感染与炎症产生的原因与危害

感冒咳嗽、咽喉肿痛、肠炎腹泻，这些都是最常见的感染发炎。炎症是最常见的基本病症，医学上的症状表现为患病部位的红、肿、热、痛和功能障碍。炎症可以是外源性的，也可以是内源性的。外源性的是由外界的细菌、病毒、真菌、寄生虫等侵入引起，发生于和外界接触的部位，如呼吸道、消化道、皮肤黏膜等部位。由生物病原体引起的炎症又称感染。感染损伤肌体的原理有以下几种：细菌产生的外毒素和内毒素可以直接损伤组织；病毒在被感染的细胞内复制导致细胞坏死；某些具有抗原性的病原体感染后通过诱发的免疫反应而损伤组织，如寄生虫感染和结核。内源性的炎症是由体内的坏死组织或变态反应引起，即当肌体免疫反应状态异常时，可引起针对自身细胞的不适当或过度的免疫反应，造成组织和细胞损伤而导致炎症。

炎症反应可以看成是身体与外界斗争的一个过程。受外界物质侵入的影响，致炎因子作用于肌体细胞，一方面导致部分细胞受损，但另一方面，刺激了身体的抵抗能力，因此也可以认为炎症是一种抗病反应。但当身体内部炎症反应过于强烈的时候就会损害自身细胞，造成病变甚至更严重的损伤，包括体内细胞变性、坏死、代谢功能异常发炎器官的功能障碍。

世界上没有一个人能够不得病，没有一个人能够躲过炎症。由细菌病毒等微生物引起的外源性感染与发炎是最普遍的病症，因此抗菌与消炎往往结合在一起对抗疾病。消化道和皮肤等的感染，可以通过提高食品卫生、水卫生等生活条件来进行预防；而呼吸道感染或简单地说感冒的预防则需要改善居住环境，降低人口密度，减少人畜接触，更重要的是提高个人自身免疫力来实现。近些年来大规模的传染性流行病几乎都在人口密度大的亚洲开始，这与人口密集程度有直接的关系。不管怎么样，提高个人免疫力，提高自身抗菌消炎的能力是减少此类疾病的一个有力措施。与其生了病之后大量使用抗生素，不如在日常生活中通过体育锻炼和饮茶等简便方式将病菌消灭于无形之间，对个人、对家庭、对社会都是一种保护。

▌饮茶与抗菌消炎的科学研究

茶叶自古就被认为能够杀菌消毒。最早期绿茶被认为是杀菌的良药，但是到了明清时期，这个清凉解表、清热解毒的风头就被白茶抢去了。清代周亮工在《闽小记》中载："白毫银针，产自太姥山鸿雪洞，其性寒，功同犀角，是治麻疹之圣药。"犀角，是中药中清热解毒能力最强的一味，虽然现在国家已经颁布法令禁售犀角，但其解毒的名声仍然是声震寰宇。白茶能够"功同犀角"，这表明白茶的清热解毒功效是极其明显的，甚至能够治疗麻疹。民间一直都有白茶"一年茶、三年药、七年宝"之说，这也为老白茶披上了一层神秘的色彩。在中国很多地区，民间都广泛流传在感冒早期或是雾霾天嗓子不舒服的时候，饮用浓的老白茶可以很快使症状缓解。近些年白茶在抗菌消炎方面的功效引起了国内外科研人员的广泛关注，科学研究的结果表明白茶的确具有"抗菌"能力，而老白茶确实是"消炎"能手，白茶抗菌消炎背后的道理也被逐渐揭示出来。

抗菌消炎，实际上是两个不同的过程，顾名思义，一是针对入侵的微生物的"抗菌"，二是缓解红肿热痛症状的"消炎"。白茶在这两个方面均效果显著，在各大茶类中脱颖而出。无论是新白茶还是老白茶对细菌和病毒都有很强的抑制作用。科学家们曾经使用过多种细菌病毒来探究茶叶的抗菌作用，据不完全统计，革兰氏阴性菌、阳性菌，结核杆菌，流感病毒，HIV（人体免疫缺陷综合征，即艾滋病）病毒，乙肝病毒，疱疹病毒，真菌等的生长都受茶叶的抑制。新白茶的特征性儿茶素的含量高，是其抗菌作用的关键，其在体内生效的途径大致有以下几种：抑制病原微生物的黏附，通过干扰微生物体内的酶和基因表达来影响微生物的代谢生长，直接破坏菌体的细胞膜等。

白茶的陈化过程，也就是新白茶向老白茶转变的过程中，轻微的氧化发酵会让儿茶素含量降低，但其它物质升高。单从抗菌这一方面来讲，老白茶的效果与新白茶相当，没有特别的优势。但是白茶存储过程中茶黄酮含量升高，多种白茶黄酮都有很强的"抗炎活性"，老白茶的茶黄酮含量是所有茶中最高的，20 年的老白茶中的茶黄酮含量甚至能够达到 12% 以上，这也从一个侧面解释了为什么老白茶有最好的抗炎作用，能够很好地缓解红、肿、热、痛的发炎症状。

抗菌消炎的科学饮茶方法

基于上述饮茶与抗菌消炎的科学研究，我们推荐饮用白茶来预防感冒等产生的炎症。在季节更替或温热潮湿不干净的环境下更容易发生病菌传播，我们可以提前进行"预防"。这时候每天冲泡新白茶是个不错的选择，每天冲饮 4 克茶叶，适当延长冲泡时间，保证儿茶素充分浸出的同时，也让辅助儿茶素作用的白茶黄酮等重要抗菌物质充分溶出。

如果已经出现了喉咙疼等早期不适症状，我们首先可以考虑提高白茶饮用量，将 4 克提高到 8 克，甚至更多。但其实更有效的方法是将新白茶换成效果更强劲的老白茶。这时候除了传统冲泡法，煮饮法更为合适，一方面让滋味已经很醇和的老白茶味道更充分地释放出来，更好喝，同时"消炎成分"可以更充分地被我们利用。相比新白茶，老白茶汤色颜色深，偏向褐色，口感更为柔和甘甜，苦涩味降低，也没有了新白茶的那种"青草气"。

一般来讲，老白茶至少是指原料或者成品存放了三年以上，因此老白茶的价格往往高出很多倍。由于茶行业目前还没有统一的白茶年份鉴定方法和标准，因此市场上的"老白茶"很难鉴别真伪，还有些老白茶由于存储不当出现了变质现象。因此在选购"老白茶"的时候应选取大品牌商品，确保品质。

金银花、薄荷、罗汉果这些传统的清肺消炎的植物也都可以搭配白茶，根据个人口味在煮完的茶汤中添加少许。

▌**冲泡十六式参见：**

    1. 第五式：白茶之细嫩毫尖

    2. 第六式：白茶之成熟大叶

    3. 第七式：老白茶

    4. 第十六式：煮茶（老白茶）

促进消化

▌消化不良的症状与危害

    "消化不良"是从小孩到老人都会面对的问题。消化不良，中医称为胃腹胀满，食滞纳呆，简单说就是积食。产生消化不良的原因有很多，主要包括：过度摄入高蛋白、高脂肪食物；长期少蔬果植物纤维食物的不均衡饮食结构；烟、酒刺激肠胃黏膜；长期的精神紧张和压力会引起神经系统和内分泌调节失常；慢性病患者或老年人因长期服用某些药，如非类固醇消炎药造成胃和上腹部的病症，引发的溃疡等；胃酸分泌过多、过少或胃黏膜对胃酸的敏感性发生变化也会影响消化功能；幽门螺旋杆菌引起的胃炎，胃溃疡甚至胃癌。可不要认为消化不良就是有点不舒服，早期消化不良的症状包括：口臭，早饱，腹胀，嗳气，上腹痛，食欲不振、恶心、呕吐。长期消化不良，会严重影响身体健康，如发生贫血、营养不良、慢性胃肠疾病、便秘，甚至癌症等。所谓"脾胃乃后天之本"，消化能力弱，会直接导致体质衰弱，不但会诱发疾病，更无法承受现代社会高压力、高强度的生活与工作。在调整生活方式和工作状态的同时，辅助使用一些促进消化的茶饮，也不失为一种很好的调理办法。

▌饮茶与促进消化的科学研究

    历史上，在只有绿茶存在的时候，记录了很多饮绿茶解腻促消化的经验。后来随着茶叶加工能力的提高而出现的一些新品类茶叶，在促进消化方面逐渐崭露头角。

黄茶在其独特的闷黄工序中有大量酵母菌生长繁殖，产生脂肪酶、蔗糖酶和乳糖酶等，这些酶类能够有效分解大分子的淀粉和脂肪，形成小分子的醇、醛、有机酸等，增强胃肠功能，有助于食物消化。在这里有一个误区，认为促消化，就是让机体吸收得更多，越促消化越胖，这其实并不准确。在胃里积压让人不舒服的往往是大分子的碳水化合物和蛋白质，例如主食吃多了，就感觉肚

子里不舒服。所谓茶叶的促消化，无论是哪种茶叶，都是把大分子的物质分解掉，也就缓解了不舒服。以淀粉为例，在把淀粉逐渐分解成小分子后，食物就会很容易地顺着消化道推进下行，就不会觉得积食或"不消化"了。但同时，很多研究指出，茶叶促进大长链的淀粉分子切分成短链的多糖，但同时还会抑制这些小分子最终转变为单糖，减少糖类最终被消化道吸收。这也正是茶叶的神奇之处，促消化并非促吸收，缓解胃肠不适，却不会增加能量的摄入。这与减肥的功能一点都不矛盾。

相比于黄茶，关于普洱熟茶的助消化的记载和研究更多。《红楼梦》中第 63 回写宝玉吃了面食，怕停食，林之孝家的劝他闷"普洱茶"。宝玉饮后，顿时食欲大增。这就是普洱茶去滞化食，尤其是促进淀粉类食物消化的作用。《物理小识》中记载，普洱茶"最能化物"，也表明普洱茶的促消化作用很强。用现代科学来解释，熟普洱的茶多酚及其氧化产物茶褐素、发酵菌种代谢产生的有机酸和大量小分子活性产物具有活化淀粉酶和蛋白酶的作用，可以促进淀粉和蛋白质的消化，使其降解为分子量较小的成分，更快地通过肠道。在云南等普洱熟茶广泛消费的地区，都流传着喝几杯普洱茶之后会很快饥饿，其实就是加快了消化的速度。除了普洱茶中丰富的成分对消化酶的活化作用外，也有研究显示普洱茶还可以促进胃部血液循环，这也是增强胃动力、促进消化的一个原因。

普洱熟茶的促消化的作用与史料记载的边销黑茶促消化是同一个原理。

《本草纲目拾遗》记载，安化黑茶"性温味苦微甘，下膈气消滞去寒辟"，"解油腻、牛羊毒。逐痰下气，刮肠通泄"，"饭后饮之可解肥浓"，"去油腻"、"解荤腥"等。边疆少数民族终年以牛羊肉和奶制品为伴，食后不易消化。有记载称古代每年都有不少牧民死于积食症，而黑茶流入边疆后"积食症"得以化解，因此黑茶得名边疆游牧民族"生命之饮"。而近年一些研究则指出黑茶的这种"解腻刮油"的功能，一方面来自于发酵茶提高脂肪消化酶、淀粉消化酶的活性，另一方面具有调节肠道菌群的功能，增加肠道内有益菌的数量，间接促进食物的消化。

一些科学研究进一步发现浓茶更有助于提高消化酶活性的作用，而淡茶没有促消化的作用甚至影响单糖等能量营养成分的吸收。古时候人们就总结了一些饮茶促消化的经验。最早，在南宋·林洪《山家清供》中有"荼即药也，煎服则去滞而化食，以汤点之，则反滞膈而损脾胃"的记载。究其原因主要是茶叶成分对消化酶的调节作用与浓度直接相关，只有高浓度时才能让我们的消化酶充分活跃起来。

▌促消化的最佳饮茶方法

基于上述饮茶与促消化的科学研究，推荐饮用黄茶、普洱熟茶和安化黑茶。黄茶相比绿茶而言经过适度发酵，部分缓解了由于绿茶性寒而伤胃的弊端，长期坚持饮用对消化功能会具有明显的促进作用。饭后可以喝普洱熟茶促消化，冲泡或者煮饮都可以。如果是冲泡，需要延长冲泡时间，让能够调动肠道消化酶的活力因子充分释放出来。普洱熟茶对睡眠影响较小，是晚饭后的好选择。如果是饮食油腻引起消化不良，建议煮饮安化黑茶，尤其是金花黑茶，有助于解油腻，消食滞。浓茶相比淡茶具有更好地促进食物消化的作用，在吃得过饱过好的时候应该增大茶叶使用量，即每次使用 2 罐共 8 克茶叶用以冲泡或者煮饮。

▌冲泡十六式参见：

1. 第三式：黄茶之细嫩芽尖

2. 第四式：黄茶之成熟大叶

3. 第十二式：普洱熟茶

4. 第十三式：金花黑茶

5. 第十六式：煮茶（普洱熟茶，金花黑茶）

祛除湿毒

▍湿毒的表现与危害

"湿"是一个纯中医学概念。在中医理论中，"湿"与风、寒、暑、燥、火并称六淫，是对人体产生不良影响的内、外因素。"湿"属阴邪，损伤阳气。湿气分为两种：一种是外湿，多因气候潮湿、涉水淋雨、居处潮湿所致。夏天湿气最盛，湿病最多。另一种是内湿，是疾病病理变化的产物，多因嗜酒成癖或过食生冷，导致阳气受损，身体运行不畅。内湿常见于肥胖人群，由于饮食失节，机体内环境平衡被打破，水分、代谢产物等在组织等部位储留，无法顺畅排除。如果湿邪与寒气结合，会生成寒湿症，如果湿邪与热邪结合，会变成湿热症。

湿症的临床表现为恶寒发热，虽然出汗但是热不退。常见四肢困倦、关节肌肉疼痛等症状，同时伴随胸闷不舒、食欲不振，而且大多会伴有小便频繁不适、大便溏泄（不成形）等症状。一般被湿邪困住的患者，阳气都不会很旺，往往面色淡白，精力不济。如果长期受湿气困扰，会引发诸多症状，比如气重（喘）、舌头胖大、舌苔重、口干、口苦、大便不成形、身体出油多、容易疲劳、打呼噜。严重者脱发、浮肿、起湿疹等。这些症状似乎像极了网络上传说的"油腻男"。

如果用现代医学去理解和解释所谓"湿气"，那么外湿意味着在潮湿多雨的环境下，空气污浊，皮肤、呼吸道、饮食中病菌多，虽未发生急性感染，但是侵染人体的病原微生物导致种种不适。而内湿则是由于饮食失节，机体内环境平衡被打破，氧气、营养代谢过程不顺畅，水和代谢产物等在身体组织内储留，无法顺畅排除更替，多见于肥胖人群。

锻炼身体，提高自身免疫力是健康的根本。但是很多时候不得不依靠一些辅助方法来帮助祛除湿毒。由于"湿"的概念含义较多，祛湿也按照不同的病因分为健脾祛湿、补肾祛湿、减肥祛湿、排毒祛湿等。由于湿症是非常常见的一种病症，很多地区都"发明"了属于自己的祛湿方法。在炎热且湿气重的广东，人们喜欢喝凉茶、煲药粥，而在潮湿阴冷的四川山区，则以辛辣饮食为主，也是一种祛湿方式。在中国广西地区产一种茶叶，是祛湿的宝物，它就是广西六堡茶。

■ 饮茶与祛湿的科学研究

六堡茶，即广西黑茶，是广西梧州六堡镇的特产茶叶，关于它的祛湿功用有很多记载。较为近代的一个是来自马来西亚华人所记录的故事。19世纪末因采锡而繁荣兴盛的马来西亚吸引了很多粤桂闽地区民工前来谋生。马来西亚属热带雨林气候，炎热潮湿。矿工们每天头顶烈日，浸泡在腥臭的泥水里干活，不少人中暑晕倒，甚至患上风湿病和其他一些怪病，严重者更丢掉了性命。据温雄飞《南洋华侨通史》里记载："因卫生之设备未周，不合水土

而死者有之；触冒山岚瘴疠而死者有之；为毒蛇所蜇猛兽所噬者有之；为烈日暴雨熏蒸沾微恙，医药失调而死者有之。"然而，有人发现常喝六堡茶的华工却很少得病，六堡茶祛湿祛暑、清热解毒的神奇功效就此在南洋传开，本是解乡愁的六堡茶，在他乡竟成了保命茶。至今广西六堡茶在南洋地区仍然深受华人和当地人的喜爱。

目前还很难将六堡茶祛湿的作用与六堡茶的组成成分完全对应起来，但随着人们对六堡茶发酵过程的认识越来越全面，我们从某些角度可以逐步解释六堡茶祛湿背后蕴藏的科学道理。

六堡茶对内湿和外湿均有抵抗作用，对抗两种不同湿气的作用机理不

同。外湿侵染人体有两个原因：一是南方天气炎热潮湿，病原菌容易滋生；二则天气炎热，人体过多热量无法有效散发，即所谓暑湿。六堡茶是加工过程中有益微生物最丰富的茶叶，因此含有丰富的微生物代谢产物，其中包括可以抵御病原微生物生长的天然抗生素，可以与深度发酵产生的茶褐素等大分子物质协同产生抗菌作用。因此，饮用六堡茶，可以抵御南方潮湿闷热环境下滋长的病原微生物的侵袭。六堡茶既是一种健康的补水液体，同时也可以阻止外部湿气对人的侵扰。

内湿源自身体代谢过程不畅，发病不局限于南方，没有性别差异。内湿患者大多形体肥胖、身重易倦、脾胃失调。六堡茶同其他茶叶，特别是黑茶类似，在帮助消化食物的同时抑制脂肪吸收，促进脂肪分解，辅助起到祛内湿的作用。"陈茶气散而发表"，六堡茶性温，饮用后促进血液循环，可以为脏器更好地提供工作的动力，促进各项代谢功能的顺利进行。此外，六堡茶有较好的发汗和利尿作用，在补充水分的同时有效散发人体热量，避免暑伤的发生；同时代谢废物随着尿液和汗液排出，也就是驱除储留体内的内湿。

广西六堡茶的祛湿作用在民间广为认可，但其它黑茶在祛湿方面的作用鲜有报道，这应该是与广西梧州当地的环境中特有的茶叶发酵菌有关，也与其后期陈化过程中微生物的组成相关。六堡茶还不是我国主流消费茶叶，但近年已经申请国家地理标志产品，因其历史流传下来的明确且独特的祛湿功效，在未来有着广阔的发展前景。如果使用更前沿的科技手段深入探索形成六堡茶祛湿作用的"微生物生态"，并用标准化的生产工艺将其固化下来，将是茶叶科学发展道路上的重要突破。而这种标准化制茶工艺，也将为更深一步的医学功效验证和产品开发铺平道路。

▊祛湿的科学饮茶方法

湿邪侵袭，是一种看不见却感受深刻的病症，无论南方北方，无论男性女性，无论胖瘦，也无论冬夏，都有可能受侵染。祛除湿毒，是一种非常普遍的刚需。广西六堡茶在这方面独树一帜，坚持长期使用，大有裨益。

六堡茶内涵丰富，发酵时间久，茶叶里的小分子成分聚合度高，分子量大，最适合煮饮。建议每次使用 8 克茶，这样的浓度才能让人体会到真正六堡茶的浓郁滋味和调理效果。如果不喜欢六堡茶浓重的仓味，建议饮茶时配一些桂花、小青柑等调剂口味。

▌冲泡十六式参见：

1. 第十四式：六堡茶
2. 第十六式：煮茶（六堡茶）

润肠通便

▌便秘的诱因与危害

世界胃肠病学组织（WGO）及相关研究数据显示，20%~40% 成年人受排便困难的困扰，而在各个国家有 1%~20% 经常便秘人群，老年人便秘患病率普遍超过 20%。有资料显示，我国成人慢性便秘的患病率为 4%~6%，并随着年龄增长而升高，60 岁以上人群慢性便秘的患病率高达 22%，其中女性的患病率高于男性。便秘主要表现为每周排便次数少于 3 次、粪便干硬和（或）排便困难。便秘是一种难言之隐，它的产生很大程度上是源于个人对便秘的危害认识不够，不坚持规律排便。尤其是很多年轻人，不认为便秘是健康问题，认为过几天就好了，或者偶尔来点泻药猛药就可以，不必进行系统调理。正是这些错误的观念让问题不断积累成为慢性病症。另外，现在的年轻人工作强度大，精神压力大，严重影响植物神经系统的功能，便秘问题已经呈现明显的年轻化趋势。

长期便秘危害巨大。首先，便秘与痔疮、肛裂、直肠脱垂等多种肛门直肠疾病密切相关。另外，研究也表明，慢性便秘是结直肠癌、肝性脑病、乳腺疾病、阿尔茨海默病（老年痴呆）等疾病的重要危险因素。特别是对于心脑血管疾病的高危人群，过度用力排便可能会诱发急性心肌梗死、脑出血等致死性疾病。

膳食结构不合理（特别是水及膳食纤维摄入不足）、工作压力大、生活不规律、精神心理因素（如焦虑、抑郁）、滥用药物等均会增加便秘的发生风险。额外补充膳食纤维是改善便秘、增加肠道蠕动比较靠谱的"补救方法"。此外，我们在媒体上时常会看到打着"排毒养颜"旗号的保健品广告，事实上，该类产品大多会添加泻药成分，引发急性腹泻，导致肠道电解质平衡紊乱。这种对症措施不能从根本上改善状况，使用该类产品虽然可以逞一时之快，但长期使用会造成药物依赖性，反而会进一步加重便秘的程度。

■ 饮茶与润肠通便的科学研究

茶马古道，是中国茶叶交流的经济和文化走廊。茶马古道上留下了大量茶叶史料，很多茶叶的健康功能也是在这里被发现和传播的。这些史料记载，往往都会在现代得以印证，让我们对古代劳动人民的敏锐和智慧钦佩不已。现代的科学家循着古人的印记，对其进行更深入的研究，将民间经验性的发现加以总结、验证并推广。众多史料记载中有一项就是关于边销黑茶能够润肠通便的记录。虽然饮茶与通便的现代研究还不多，但已有部分研究证实，合理饮茶，特别是某些黑茶可以帮助肠道蠕动，改善肠道菌群，预防并改善便秘。

近年一项使用了纯种冠突散囊菌发酵的金花黑茶的研究揭示出，饮用8克及以上金花黑茶能够使排便量显著增加，排便时间明显缩短，并加速肠道运动。目前关于黑茶通便的研究并不多，这其中的科学道理还有待继续探索。有限实验数据指出，黑茶中的"金花菌"或者各类发酵用菌在发酵过程中改变了茶叶的成分，有效地将黑茶中的不溶性大分子纤维（泡茶泡不出来的纤维）转化成可溶性膳食纤维（可溶解在茶汤里），而结肠中的微生物利用这些膳食纤维产生了丁酸，加速肠道运动；同时，金花黑茶还改善了肠道菌群，双歧杆菌和乳球菌等益生菌含量增加，进一步促进肠道的运动。同时膳食纤维吸水膨胀增加了粪便容积，促进便意的产生，大便软化更加易于排出。在发酵过程中茶叶中的儿茶素等小多酚转化为了大分子物质，茶性由寒凉变得温润，中医认为是收敛性降低，释放效果向好，这也是发酵茶比不发酵茶通便效果好的原因之一。另外，研究显示，黑茶润肠通便的作用与泻药的作用不一样，不会引起腹泻，而是相当于帮助肠道建立蠕动的规律，实现规律排便。这背后的道理还需要更多的理论研究来进一步阐述。

在研究金花黑茶通便的过程中科学家还发现了两个有趣的现象：第一，在促进肠道益生菌增殖的同时，金花黑茶还有抑制大肠杆菌的作用，这可能解释了金花黑茶为什么既有通便的功能同时还有止泻的作用，原来是因为它能够抑制肠道的有害菌；第二，吃茶比喝茶更有效，如果我们通过茶粉或者茶食品的方法把8克的金花黑茶吃进去，比起泡茶有更好的通便效果，这可能是由于全茶粉里含有更多的"益生元"粗纤维的缘故。

润肠通便的科学饮茶方法

安化黑茶的金花（茯砖）黑茶的润肠通便功能已经被现代科学验明，因此解决便秘，尤其是长期慢性的便秘，首推金花黑茶。

如果希望日常调理肠胃，我们推荐每天饮用4克左右，比如安化黑茶茯砖茶这类含有"金花菌"的黑茶；如果出现便秘的"前兆"或是已经发生便秘了，每日饮用8克黑茶才能起到较好效果，如果有必要可以增加到12克左右，给肠道助力。

少数人喝了黑茶后，肠道反应会比较强烈，特别是之前不喝茶或者不喝黑茶的人群，比如一天上3次厕所等。早期不适是正常反应，可以看作是一次"肠道清洗"，过几天适应之后就会趋于正常。同时喝黑茶并不会造成所谓的"药物依赖"，因为它不是通过导致腹泻来缓解便秘的，而是通过调养肠道，诸如调节肠道菌群、增强肠道的自主运动来达到效果的。

这就告诉我们，对于日常排便正常的人群，也完全可以喝黑茶来调节肠道，而不用担心喝茶导致腹泻。

在冲泡的时候，建议至少反复冲泡 3 次，或者用煮饮法饮用黑茶。一些纤维多糖对于治疗便秘至关重要，它们的溶出没有氨基酸、咖啡因或儿茶素那么快，因此切忌一泡了之。

荷叶、决明子、山药、陈皮可以作为通便的搭配食材。陈皮可以与黑茶配伍调饮，既能帮助早期喝黑茶不习惯的人改善口味，还有一定辅助调节肠道的功效。荷叶和决明子的通便功效相对较强，属于药食同源类植物，可以与黑茶搭配饮用。如果泡 8 克黑茶，加入 2 克荷叶或者决明子就足够了，切忌大量添加。

▌冲泡十六式参见：

1. 第十三式：金花黑茶
2. 第十六式：煮茶（金花黑茶）

保肝护肝

▌常见肝损伤的原因与表现

肝脏是人体新陈代谢的核心器官，具有调控糖、蛋白质和脂肪等营养物质代谢、制造胆汁、维持体内水电解质和激素水平的平衡以及生物转化等重要功能，并通过多种方式承担机体的"解毒"功能，比如酒精代谢、药物代谢、处理食物中摄入的重金属等有毒有害物质，因此肝脏健康至关重要。肝脏损伤大概分两类：其一是由病毒等引起的肝炎，统称为"免疫性肝损伤"。我国是肝炎大国，肝炎导致的肝硬化和肝癌发病率居亚洲之首，近年随着医疗卫生条件提高、乙肝疫苗普及等措施的落实，肝炎的发病有所控制。另一类肝损伤则是"化学性肝损伤"，是由服药、过量饮酒、摄入残留农药和重金属等超标的有毒食物以及过多脂肪堆积等引起的肝损伤。这些有毒有害物质破坏机体的氧化还原反应过程，甚至直接攻击肝细胞，从而导致肝损伤。

当肝脏发生问题时，机体常见的信号包括：容易疲乏、脸色暗黑、唇色暗紫、皮肤黄褐粗糙、出现肝掌和蜘蛛痣、牙龈出血等，这些都提示我们可能是肝脏出了问题。定期体检有助于我们在早期发现肝脏功能异常并及时处理。

保护身体应首先避免损伤，如果已经出现了肝损伤再去用各种方式来缓解是下下策。随着医学的发展以及人们生活和卫生条件的逐渐提高，肝炎、药源性食源性有毒物质积累等对肝脏的损伤会被最大限度地避免。但是，过量饮酒造成的酒精性肝损伤和肥胖引起的脂肪肝是个人生活方式的结果，需要提高个人修养，有节制地管理好自己的生活，从而获得健康。除此之外，一些现代科学研究指出，合理饮茶具有一定的保肝护肝功效。

▌饮茶与保肝护肝的科学研究

目前认为饮茶能够对抗酒精性肝损伤。研究较多的是绿茶和熟普洱，虽然白茶、黑茶等也有科学报道，但是目前不占主流。

酒精在肝脏有两条代谢途径：乙醇脱氢酶/乙醛脱氢酶这一主要解毒途径和微粒体氧化体系这一旁路。后者可引起氧化损伤，是酒精性肝损伤的一个原因。绿茶减少酒精性肝损伤的主要机制是抗氧化，原因是茶多酚可以使肝脏中的抗氧化酶活性增强（包括谷胱甘肽过氧化物酶 GSH-Px、超氧化物歧化酶 SOD）。另外，茶氨酸可以提高乙醇脱氢酶和乙醛脱氢酶的活性，加速酒精正常代谢；抑制微粒体氧化体系对酒精的代谢，减少脂质过氧化损伤；同时对 GSH-Px 的正常生理活性也有维持作用。熟普洱中发挥护肝作用的物质主要是发酵过程中生成的活性茶多糖，而茶多糖与茶色素具有协同作用，有研究认为普洱熟茶有更强的保肝护肝作用。

茶叶的降脂减肥功能也使其能够在一定程度上缓解脂肪肝而发挥护肝作用。在这方面的动物研究比较多。因为绿茶和熟普洱的降脂减肥功能较为突出，因此使用这两种茶来研究对抗脂肪肝的试验也较集中。比如，第二军医大学营养学团队曾用综合法复制脂肪肝动物模型，给予5%绿茶以观察其预防高胆固醇、高脂肪、低蛋白饲料致 SD 大鼠脂肪肝的作用，结果表明绿茶有一定的预防脂肪肝和降血脂的作用。浙江大学利用普洱茶水提取物对大鼠非酒精性脂肪肝病的干预试验表明普洱茶水提取物具有明显降低血脂、改善肝脏脂肪变性的作用，可作为非酒精性脂肪肝病早期预防和辅助治疗的饮食策略。

▎保肝护肝的科学饮茶方法

基于上述饮茶与保肝护肝的科学研究，我们推荐饮用绿茶和普洱熟茶。无论是日常调理，还是随餐伴酒，饮茶都可以作为一个防御性"护肝"措施。

日常酒肉应酬比较多的朋友们，更应该注重保肝护肝。如果希望日常调理，我们推荐绿茶，每次4克，每天1~2次。如果频繁饮酒，大鱼大肉，出现了体重超标，甚至是轻度脂肪肝的现象，除了绿茶，我们更应该尝试用熟普洱来"解肝毒"，并可以考虑每天将饮茶量提高到8克左右。

当然白茶、黄茶，以及各类黑茶都具备一定的调节血脂调节代谢的功能，大家可以根据口味偏好选择。茶叶之外，还可以搭配少量的葛根、枸杞、山楂等食材调饮。值得注意的是，肝脏承担身体几乎全部的代谢和解毒功能，它的负担是非常重的，饮茶量也要适度，尤其是对于肝脏功能已经出现下降的人，切忌超大剂量饮茶，因为这样会加重肝的负担，适得其反。对于绿茶等刺激性比较强的茶叶，切忌每日使用超过15克。对于服药人群，需咨询医生和药剂师的建议。

健康中国茶
Health from Chinese Tea

▌冲泡十六式参见：

1. 第一式：绿茶之细嫩芽尖
2. 第二式：绿茶之成熟大叶
3. 第十二式：普洱熟茶
4. 第十六式：煮茶（普洱熟茶）

预防骨质疏松

▌骨质疏松的表现与病因

统计数据表明，全世界约有 2 亿以上人群患有骨质疏松，其发病率已跃居常见病、多发病的第六位。因骨质疏松导致的骨骼关节疼痛已经成为降低百姓生活水平的重要原因之一。2008 年 10 月国际骨质疏松基金会和中国健康促进基金会联合发布《骨质疏松防治中国白皮书》，调查显示我国是老年人口绝对数量最多的国家，有骨质疏松症患者约 9000 万人，占总人口的 7.1%。骨质疏松是目前困扰中老年人尤其是老年女性的常见病痛。骨质疏松症的早期症状包括腰背疼痛、身体活动受限、胸闷、驼背等，到了后期骨质疏松非常容易造成骨折，严重影响生活质量。现在很多健康体检都有骨密度检测一项，帮助我们及时了解自身骨骼状况。根据世界卫生组织的标准，正常骨密度值为 100%，减少 1%~12% 属于基本正常。如果骨密度值降低 1~2.5 个标准差，属于异常，代表骨量减少；而骨密度降低程度等于和大于 2.5 个标准差，可诊断为骨质疏松症，如果伴随一处或多处骨折，则属于严重骨质疏松。

骨质疏松的发病机理很简单。人体的骨骼内存在着制造骨骼的成骨细胞和破坏衰老骨细胞的破骨细胞，两种细胞共同调整骨骼内细胞的生长与凋亡，协同完成骨骼的新陈代谢。一旦这种平衡被打破，破骨细胞的功能异常活跃，超过成骨细胞的功能就会发生骨量减少，骨骼变脆，从而引发骨质疏松症。钙质的多少能够直接反映出骨骼密度。骨量在人体 30 岁左右时达到最高值，即"峰值骨量"。从 30 岁开始，骨质流失会逐渐加快，骨

142

密度开始下降，并且不可逆转，因此，骨质疏松也可以看作是衰老性疾病。

我们虽然不能阻止衰老，但是人们都希望放慢衰老的进程。坚实的骨骼一方面取决于早年积累的骨质存量，也就是 30 岁左右所达到的骨量峰值，另一方面取决于中老年时期骨质流失的速度，流失速度越慢，骨骼衰老越慢。预防骨质疏松需要一生的努力。对于青少年和青年人应该提高膳食质量，多参加体力劳动（尤其是负重劳动）和体育锻炼，多晒太阳增加骨质吸收，让骨骼的人生巅峰达到更高。而对于中老年人，同样需要多参加身体锻炼多晒太阳，同样也需要注意饮食，另外需要通过服用保健品等来预防性补充钙质和维生素 D。但有的时候似乎单纯补钙、补维生素 D，甚至补充近年崭露头角的维生素 K_2 等仍然不尽如人意。从理论上讲，这种情况应该是身体吸收和利用的能力不足，单纯补充营养素也无济于事，需要从不同的路径来系统调节身体机能，比如促进成骨细胞的功能或抑制破骨细胞的能力。

饮茶与壮骨的科学研究

在学术界之外，关于饮茶与骨骼健康的关系存在一些争论。曾经有观点认为茶叶中的多酚、草酸和咖啡因会干扰钙的吸收，实际上这些观点没有科学依据，属于比较常见的臆测和民间传播。目前有很多的科学数据反而提示饮茶者的骨密度一般要高于不饮茶者，也就是饮茶有助于辅助防控骨质疏松。此类研究成果较多集中在乌龙茶、红茶和普洱熟茶这三种茶叶。

日本大阪大学研究人员用患有骨质疏松症的小鼠注射茶黄素后发现，实验鼠体内的破骨细胞减少，骨骼量增长了一倍。完全发酵的红茶和发酵程度较高的乌龙茶含有的茶黄素都很高，有助于防止破骨细胞的生成。此外，也有研究显示 EGCG 等儿茶素物质与茶黄素协同，诱导成骨细胞分化，促进成骨细胞的活动，促进破骨细胞凋亡，导致骨密度增加。

云南农业大学用去除双侧卵巢的大鼠模拟典型的更年期女性骨质疏松，并检验普洱茶对骨密度、骨结构等的影响，同时，以治疗骨质疏松的中药胶囊作为阳性对照。实验结果表明，口服普洱茶 6 周后，大鼠钙、磷的平衡不受影响，其它血液生化指标也有了一定程度的改善；同时，股骨骨密度、骨的生物力学特性以及骨显微结构都得到了相应改善。此外，体外试验结果显示，普洱茶提取物能有效抑制破骨细胞的分化，有利于提高骨密度。分子生物学研究结果也证实普洱茶提取物有效抑制了破骨细胞特异性基因和蛋白质的表达。普洱熟茶发酵过程中的活性产物与多酚等物质共同作用，调节破骨细胞的基因表达，有利于骨密度的增加。

此方面健康功能的验证也有临床研究的报道。山东临沂人民医院以绝经后汉族女性为研究对象，在保证生活和饮食习惯、生育和疾病情况等因素相似并且可控的情况下，对喝乌龙茶与骨密度之间的关系展开研究。研究发现经常喝乌龙茶的女性骨密度（0.793 ± 0.119 千克 / 厘米）高于不喝茶的女性（0.759 ± 0.116 千克 / 厘米，$F = 6.248$，$p = 0.013$）。同样，沃德三角骨的骨密度结果也显示饮茶者（0.668 ± 0.133 千克 / 厘米）高于不喝茶者（0.637 ± 0.135 千克 / 厘米，$F = 6.152$，$p = 0.013$）。由这个研究可以看出，乌龙茶有助于减缓绝经后妇女的骨质流失。

以上介绍的科研结果提示我们饮用乌龙茶、红茶和熟普洱有助于减缓骨质疏松甚至有增加骨量的可能，只是还未建立明确的饮茶与骨骼保健功能之间的剂量关系。我们知道骨密度与很多因素相关，它受自身激素水平的影响，也受饮食和生活习惯的影响。饮茶不能治疗骨质疏松，却是一个既能辅助我们维护骨骼健康，又能为生活增添情趣的健康生活方式。我们可以一边饮茶，一边等待更多的科学研究来提高我们对健康的认知。

防控骨质疏松的科学饮茶方法

科学研究已经给我们指出饮茶能够缓解骨质疏松，已有的研究支持乌龙茶、红茶和普洱熟茶的健骨功效。

乌龙茶中的铁观音发酵程度低，咖啡因吸收代谢效率较高，不建议有睡眠问题的老年人选择。与之相对应，同为乌龙茶，老年人可选择高温焙火的岩茶，如大红袍等，因为岩茶在烘焙过程中有部分咖啡因会升华，对睡眠影响相对减弱。普洱熟茶和红茶也是老年人饮茶的好选择，在预防骨骼问题的同时，还有调理肠胃、温暖身心的作用。

冲泡十六式参见：

1. 第八式：乌龙茶之清香型

2. 第九式：乌龙茶之浓香型

3. 第十式：红茶

4. 第十二式：普洱熟茶

预防老年痴呆

老年痴呆的发病趋势与症状

从 60 岁以上老龄人口占总人口的比例来看，我国目前已经满足"老龄化社会"的核心指标。从 2015 年到 2020 年，老龄人口总数预计将从 2 亿上升至 2.5 亿，占比将由 15% 左右增加至 17.17%。到 2030 年，我国老年人口将预计达到 3.71 亿，占总人口数的 25.3%，而到 2050 年将达到 4.83 亿，占总人口的 34.1%，届时每三个人当中就有一个老年人。如何让老人幸福地生活已成为了一个重要的社会课题。

随着老龄人口的快速增长，各种老年性疾病的发生也快速升高。各种老年疾病中，老年痴呆可以说是最影响生活质量的疾病之一，同时也是家庭的沉重负担。老年性痴呆症分为脑变性疾病引起的痴呆——阿尔茨海默病（AD）、脑血管病引起的痴呆和混合型痴呆三大类，其中阿尔茨海默病占这一大类病症的 70%，脑血管病引起的痴呆约占 20%。因此大多数情况下，人们直接将阿尔茨海默病简称为老年痴呆。

老年痴呆是一种渐进性的神经功能退化性失调症，尽管病因尚不十分清楚，但是它的危害已经为人熟知。老年痴呆是一种严重的智力致残症，最初的征兆是短期记忆缺失，很多人是因为找不到回家的路被发现已经患病。老年痴呆的临床表现主要包括时间颠倒、空间能力受损、语言能力受损、自理能力下降、大小便失禁等。据中国老年保健协会老年痴呆症及相关疾病专业委员会（ADC）数据显示，2006年我国各类老年痴呆症患者约为500万人，患者数量全球第一，而每年新发病例为6%。预测到2050年世界范围内将有1亿的老年痴呆患者，发病人数可谓高得吓人。与损伤认知能力的老年痴呆情况类似，帕金森病是另外一种神经退行性病变，只是它影响的是运动神经。该病的发病率目前也呈逐年上升趋势。帕金森病的主要症状包括静止性震颤、肌强直、运动迟缓、姿势步态障碍等。上述委员会也显示，我国有220万帕金森病患者，数量约占全球总数的一半。

虽然科学界就上述疾病的发病机理研究不断取得突破，但目前对于上述疾病还没有根治的良药，市面上的药物大多只能对症缓解，还不能对其病程产生影响。比如乙酰胆碱酶（AChE）抑制剂，只能缓解早期患者的认知障碍，提供适度的症状改善作用，无法阻止病情的发展。此外，有些药物副作用较大，加上进口药价格昂贵，化学合成新的药物难度大等特点，探寻治疗之路可谓困难重重。因此对于老年痴呆和帕金森病，预防的意义大于治疗。

作为衰老性疾病，神经退行性疾病的诱因有很多，但是可以肯定的是增加愉快的社交、刺激大脑保持足够的活力、健康饮食和多运动等则是预防神经衰老的常见手段，很多研究指出合理饮茶也能帮助延缓"脑衰老"。

▌饮茶与防控老年痴呆的科学研究

目前认为预防神经退行性老年病应该积极去对抗机体的"氧化损伤"，达到机体的"健康平衡"。各类茶叶都有不同程度的抗氧化作用，因此每日坚持饮茶无疑是预防老年痴呆和帕金森病的好方法。目前的人群实验和生命科学研究结果显示绿茶和红茶在这方面的效果比较突出。

日本一项包括1003名70岁以上人群的调查显示，每天饮绿茶2杯及

以上，认知方面退化的概率比每周饮茶少于 3 杯的人低 64% 之多，每周饮 4~6 杯绿茶或每天饮 1 杯绿茶的老年人患病概率也较不喝茶的人低 38%。另一项在中国开展的研究指出红茶对帕金森病有一定防控作用，坚持饮用红茶的人群患帕金森病概率明显低于不饮茶人群。2010 年阿尔兹海默病协会国际会议发布报告正式宣称合理饮茶有助于降低老年痴呆的发病率。

茶叶在人体内的功能吸引了众多的生物学家在探索生命机制的研究方面不断有所突破，为我们一层层揭开其参与生命活动的秘密。

患老年痴呆人群通常有脑部脂质、蛋白质和核酸遭受氧化损伤的早期病理特征，研究证据已经充分表明茶叶对神经保护作用是从抗氧化开始的。此外有研究发现，EGCG 等儿茶素活性成分在通过血脑屏障后螯合脑部铁离子，而铁元素的积累与脑部退行病变直接相关。此外茶叶还可以增强神经生长因子的神经突生成作用，可以有效保护受损伤的神经细胞。部分研究还发现，茶叶，特别是其中不同形态的茶多酚，可以通过调控脑细胞的正常新陈代谢，调节神经递质的释放过程，消除 β - 淀粉样肽在大脑中的积累和毒性，多方面起到保护神经的作用。关于饮茶与防控老年痴呆，还有研究发现，茶叶和其他一些富含黄烷醇类化合物的食品都具有降低 β - 淀粉样肽和促进神经元再生、改善和提高人脑的记忆和认知功能的功效。除黄烷醇类化合物外，日本科学家寺岛健彦等发现茶氨酸可以调节脑中的血清素和多巴胺水平，改善脑的记忆学习和认知能力，减轻脑部的氧化性损伤。

在这方面的研究还有非常多，我们就不再一一罗列。从以上的科学发现我们可以了解到饮茶对养护脑组织功能减缓脑神经退化具有多方面的调节意义。

▍辅助防控老年痴呆的科学饮茶方法

基于上述饮茶与防控老年痴呆的科学研究，我们特别推荐饮用绿茶和红茶。绿茶的冲泡方式相对简单便捷；而对于红茶，为了让茶红素等分子量稍大的抗氧化物质充分溶出，建议较绿茶适当延长冲泡时间。对一些存在睡眠障碍的老年人，建议不要在傍晚饮用绿茶，甚至在晚间不要饮用任何茶，或者饮用低咖啡因茶。

前面的科学道理部分已经清晰地告诉我们：老年痴呆重在预防，一旦发病，很难回头。服药、饮茶虽然都有所助益，却不能根治。预防老年痴呆的关键是保持旺盛的生命活力，保持频繁且愉悦的人际交往，而以茶会友是一个建立良好社会关系的方式。如果年轻时就能将饮茶纳入你的生活，广交茶友，生活自然也会张弛有度、多姿多彩，待到60岁后才能拥有一个阳光健康的老年生活，降低发生老年痴呆的可能性。也许我们应该欢乐地拉一条横幅：预防老年痴呆，从"娃娃"抓起！

▍冲泡十六式参见：

1. 第一式：绿茶之细嫩芽尖

2. 第二式：绿茶之成熟大叶

3. 第十式：红茶

饮茶与养生调理

清凉解暑

中暑的表现与清凉解暑的方法

炎炎夏日，很多人食欲不振、头痛无神、昏昏欲睡、燥热憋闷，更严重者会由于出汗过多导致体内电解质紊乱，出现严重的"中暑"症状。无论是我国传统中医文化，还是西方自然科学理论均指出，"清凉解暑"是保持身体健康和生命活力的重要手段。中医强调清凉解暑是一种排毒，从饮食入手清暑、养心、健脾、祛湿。西医理论也指出，夏日通过饮食调整达到排汗利尿、平稳血液循环、维持体内水电解质平衡、抑制体内有害微生物生长的目的，这些都是保持身体健康的关键。而无论是中医还是西医都认为喝冰水、吹空调等极端的"解暑"方式治标不治本，甚至会扰乱机体的平衡，带来更严重的身体问题。

目前市场上有很多清热解暑、生津润燥的"凉茶"。大多凉茶都是中药配方的组合，如果食不对症，即便是无毒的药材，也会给身体带来麻烦。此外，为了让商品化的凉茶饮料更好喝，遮盖中药材不好的味道，凉茶饮料往往会添加很多糖，这样的高糖凉茶所伴随的问题已经成了一个不容忽视的问题。

饮茶与清凉解暑的科学研究

中国有很多古人都说过，喝绿茶是一个清凉解暑的好办法。

纵观茶叶的历史，最初中国的茶叶只有绿茶一种，而最初对茶叶效能的记载都集中在：茶味苦、甘，性凉，入心、肝、脾、肺、肾五经。苦能泻下、燥湿、降逆，甘能补益缓和，凉能清热、泻火、解毒。在中国医药史上最重要的中药典籍《本草纲目》中这样记载：茶苦而寒，阴中之阴，沉也，降也，最能降火。火为百病，火降则上清矣。火有虚实，若少壮胃健之人，心肺脾胃之火多盛，故与茶相宜。而在《本草拾遗》这样明示："止渴除疫，贵哉茶也。"《本草拾遗》等不同的中药典籍中还进一步描述了绿茶的作用：辛开、苦降、甘缓、酸收，咸软坚。苦能降气，其气可下行膀胱，能助气化行水，故能利尿。由此我们不难看出，绿茶的茶性属寒凉，最能够清凉解暑，兼具清热泻火解毒的功效。

现代中医理论结合自然科学进展进一步阐述了绿茶清凉解暑的原因，绿茶生津止渴，满足机体各脏器的需要，促进机体代谢，一方面能够补充水分，另一方面能够加速热毒的排泄。而中医理论同时指出，绿茶清凉解暑与其利尿的功效密不可分，利水泻毒，淡化体内邪毒浓度，其轻清上扬之气，也可使邪毒扬散。这个功能是神农氏在尝百草时最先发现的。

现代自然科学研究则从绿茶中成分的角度解释了绿茶具有"清凉解暑"功效的原因。分析化学和生物医学研究者近年来开展了大量绿茶的成分及其活性研究，特别是对"茶多酚"这一绿茶健康物质展开了深入剖析。茶多酚泛指茶叶中的多酚类化合物，在绿茶中含量最高，这也是绿茶清凉解暑功效显著强于其他茶叶的原因，大概占绿茶干重的 15% 以上，它们是绿茶具有清凉解暑功效的首要活性成分（具体包括：儿茶素、黄酮、酚酸类化合物）。除此之外，绿茶中富含的咖啡因、氨基酸、多糖、维生素和矿物质都能起到一定的辅助作用。提高并保持茶叶中茶多酚的含量，是保证绿茶清凉解暑的关键。

绿茶产生清凉解暑的作用主要包括三个方面：平稳血流促进血液循环、利尿和抗菌抗病毒。首先，绿茶茶多酚中的儿茶素类物质和多种黄酮能够调节血管紧张素酶的活性，同时有效松弛血管壁，使得血管壁保持一定弹性，消除脉管痉挛；绿茶茶氨酸降低脑中 5- 羟色胺和 5- 羟色氨酸的浓度，也有助于维持血压。对血压的调节作用使得机体在应对高温、烦躁之时血流更为平稳，有降低"燥热"的功效。其次，有研究指出喝茶较之喝水能够将机体排尿量提高 20% 左右，茶叶中的咖啡因和少量可可碱具有显著的利尿活性。再次，夏季天气炎热微生物滋生蔓延，绿茶清凉解暑，也源于绿茶抗菌抗病毒作用的活性，它可以抑制病原微生物导致的身体炎症反应等。茶多酚中的儿茶素是最主要的活性成分，绿茶中的儿茶素含量高于其他茶，抵抗微生物能力强，解毒的作用更强，伴随着解毒，也就有助于清除毒带来的热。而绿茶中的黄酮类物质可以缓解红、肿、热、痛的症状，也是清热的体现。抗菌、抗病毒，是绿茶清热、解外毒作用的体现。总之，绿茶补水利尿、改善血液循环、抗菌消炎是清热解内毒的重要机制。

绿茶的清凉解暑的作用是非常明确的，古人还明确指出绿茶性寒，只有"少壮胃健之人"才能"与茶相宜"。言外之意就是，衰老胃弱之人，不宜多饮绿茶。事实上也是，有一些体弱或患有肠胃疾病的人，喝绿茶会出现胃痛、胃痉挛、手脚冰凉等症状，而这一类人也同样会受炎炎夏日的影响，调理的时候既不能太过又不能无视解暑的需要。这种情况也有解决办法。在前面的绿茶章节介绍过，蒸青技术和一些特殊的生物制剂加工技术可以将酯型儿茶素转变为非酯型儿茶素，或将酯型儿茶素聚合，因此这类绿茶的苦涩味降低、刺激性也降低，推荐胃弱体寒人群饮用蒸青绿茶。

按照成分分析，发酵度很轻的新白茶保留了大部分的原始茶多酚，同时由于轻度发酵，增加了一些柔和的性质和较好的抗菌能力，也可以作为一种选择。但是浓香型的乌龙茶、红茶或黑茶的作用更多是"暖"，与清凉解暑相去较远，不好作为选择。

▌清凉解暑的科学饮茶方法

基于上述饮茶与清凉解暑的科学研究，我们更推荐饮用绿茶或新白茶。苦涩度高的四川、贵州一带绿茶的茶多酚以及其中的儿茶素含量高，效果更明显。这类绿茶中比较出名的品种有巴山雀舌、峨眉雪芽、竹叶青、蒙山甘露、都匀毛尖、石阡苔茶、绿宝石等。相比而言，江西、安徽等部分地区的绿茶苦涩度低，滋味比较清甜，这一类绿茶的效果更为柔和。消费者可以结合个人需要来选择适合自己的那一款绿茶。如果每次冲泡4克绿茶，可以适当延长冲泡时间，以便茶多酚尽可能多地溶出，祛暑的效果会更好。

有的消费者习惯弃掉绿茶的第一泡，但这样并不可取，因为这样做从卫生的角度意义不大，而且第一泡中溶出的大量茶多酚和氨基酸也会损失，清凉解暑功效也就下降了。同时随着可以平缓咖啡因的氨基酸的减少，反而会让剩余咖啡因的作用更为直接。对于胃弱体寒人士，推荐饮用蒸青绿茶，例如恩施玉露、抹茶。对于睡眠不好的人，则推荐饮用低咖啡因绿茶。

需要注意的是，喝绿茶清凉解暑，但并不等于喝绿茶饮料也可以。绿茶饮料虽然可以冰饮，貌似更"凉"，但多数绿茶饮料茶叶成分含量很低，畅饮一瓶冰绿茶能享受的茶多酚只是一次泡4克绿茶的十分之一，甚至更少。不仅如此，很多绿茶饮料中还会添加大量的糖，而这种高能量的饮料实际上无助于清凉解暑。

饮绿茶也可以根据个人喜爱添加金银花、薄荷或荷叶等搭配共同冲泡，为了让口味更佳，添加量不宜超过每次泡茶量的二分之一。

▌冲泡十六式参见：

1. 第一式：绿茶之细嫩芽尖

2. 第二式：绿茶之成熟大叶

3. 第五式：白茶之细嫩毫尖

4. 第六式：白茶之成熟大叶

暖胃暖心

▌体寒的表现与调理

有的人经常感到手脚冰冷，特别是天气一冷，就感觉全身发冷，手脚尤其冰凉得受不了，这种情况就是中医所说的"阳虚生外寒"。这是因为天气寒冷时，人体血管收缩、血液供应能力就会减弱，使得手脚特别是指尖部分血液循环不畅，也就是人们常说的"末梢循环不良"。中医把手脚冰冷看作一种病症，属于阳气不足、体寒虚弱。通常这种不适还伴随着"胃寒"，一吃冰冷的食物就很不舒服，甚至喝凉水都会觉得不舒服。一般这种不适还会伴有精神萎靡和消化不良、完谷不化。我们对所谓的"寒凉"的不适，应该引起足够的重视，其实它代表着血液循环不畅，释放了一种身体"运转不灵"的信号，如果长期置之不理，随着这些不适的加剧，就会引发各种疾病。

末梢循环不好的人以瘦弱的年轻女性居多，很多人还会同时伴有贫血和低血压的表现。身体超级肥胖的人一般也会发生身体冰冷的情况，自然也是因为远端的血液循环不好。改善这种末梢血液循环不好，从直观上讲一是需要补血，二是应该提高血液循环的动力。而事实上，如果一个人贫血或血液循环动力不好，会导致血液向身体各部位供应能量就会减少，进而身体各部位的动力均会减少，这就导致整个人都会虚弱，因此肠胃也不例外地会虚弱，结果就是消化吸收的能力会很弱，这又进一步引发饮食能量摄入低，血液向身体各部位供能继续少。这就形成一个胃肠虚弱、消化不良、身体虚弱、末梢循环不好的恶性循环。无论我们单纯治疗哪一个环节，都不会起到本质的改变，因为任何一个环节都很难推动整个循环。治疗这种因果循环的状况，唯有中医所谓的"调理"，即慢慢地一步步地打通各个环节，让这个循环先转起来，逐渐加速之后才能最终像太极一样运转通畅有力。

虽然身体冰冷本身称不上是疾病，但是血气虚弱长期积累的结果会引发各器官的运转不畅而生病。调理上首先需要补血，其次需要通过体育锻炼来增加身体肌肉含量。身体里的肌肉可以产生热能、促进血液循环，也是储存营养物质和推动身体各部运转的重要组织。泡温泉、针灸按摩等方法可以先让血液循环加速起来，尤其是在肌肉量还不是十分充足的情况下先缓解症状，阴阳流动进而平衡。另外，调节和推动血液循环还有一种方法就是饮茶，尤其是红茶。

▌饮茶与舒张血管作用的科学研究

"绿茶凉，红茶暖"，这是在茶叶圈广为流传的一句话，因此绿茶更适合清凉解暑，而红茶更适宜温暖身心。历史经验告诉我们，对于体寒胃寒，喝绿茶往往会加剧不适，前文也讲到了关于绿茶刺激胃黏膜的科学道理，科学家们正在尝试很多现代技术来改造绿茶，弱化它的这种清凉本性，让绿茶"升级"。与绿茶相反，红

茶往往能够温暖身心，那些体感明显者一杯红茶下肚，顿觉手脚、胃里都暖了起来，这其中确实蕴含着科学道理。

红茶是通过促进肢端及胃肠的血液循环来让身体感到温暖的。这其中的道理要从一个重要的舒张血管的物质——一氧化氮（NO）说起。心血管疾病是全人类的劲敌，医学工作者一直在通过各种方法来改善心血管功能障碍。大多数人都知道，一旦发生急性心绞痛、心肌梗死，立即服用硝酸甘油可能救命。早在1977年，美国弗吉尼亚大学的穆拉德教授及合作者在研究中发现：硝酸甘油等有机硝酸酯必须代谢为NO后才能发挥扩张血管的药理作用，由此他认为NO可能是一种对血流具有调节作用的信使分子。后来，这一推论被包括纽约州立大学的弗奇戈特及加州大学洛杉矶分校的伊格纳罗教授在内的许多科学工作者通过直接的实验证据证实：NO主要通过血管内皮细胞产生的环磷酸鸟苷（cGMP）信使因子来作用于血管平滑肌细胞，使血管平滑肌细胞舒张，从而扩张血管。后来，NO在机体内产生作用的路径这一重要发现还获得了1998年诺贝尔生理学或医学奖。由此可以推论出，如果在其体内促进释放NO因子，就可以扩张血管，促进血液循环。

在正常状态下，血管内皮细胞可持续少量地释放NO，以维持血管张力。血管内皮细胞释放的NO能迅速扩散通过细胞膜，传递至血管平滑肌细胞，升高血管平滑肌细胞内的环磷酸鸟苷，使血管扩张，从而调节血压和血流

分布。这些释放的 NO 还可以调节血管内皮细胞生长，触发血管活性物质，维持血管内皮完整性。

近些年的一些机制研究发现，茶黄素能够提高 NO 合成酶的活性，进而促进 NO 的产生，并能抑制血管内皮细胞钙离子的内流，从而改善血管舒张能力。虽然绿茶中的 EGCG 也有一定的促进 NO 生成的作用，但是茶黄素的作用更强。因为茶黄素的含量以红茶为最，于是东欧的一些科学家使用了红茶提取物进行研究，发现红茶提取物通过 p38MAPK 通路和雌激素受体介导了 PI3k/AK 通路提高 eNOS 的活性和促进 eNOS 的生成，进而促进血管舒张因子 NO 的生成，舒张大鼠的冠状动脉血管环，降低心血管事件发生风险。因此，喝红茶使手脚血管循环改善，就会给人"暖"的感觉。而胃部的血液循环改善之后，可以确保消化等生理功能正常进行，这就是暖胃的机制。

温暖身心的最佳饮茶方法

基于上述饮茶与温暖身心的科学研究，我们更推荐饮用红茶。如果用于日常调理，一天 4 克红茶是必需的，冲泡的时候建议至少冲泡 2 次，将茶黄素和尽可能多的茶红素冲泡出来。若有时间，反复冲泡 3 次效果更佳。如果已感觉身体不适，表现出手脚冰凉，想喝杯红茶温暖身心，也可以增加至 8 克，出汤时间也可以适当延长，让"暖茶"更浓，或反复冲泡 2~3 次，效果立竿见影。

喝红茶的时候我们经常发现水温渐凉之后，茶汤会出现浑浊，便对茶叶的品质产生了怀疑。其实这种现象俗称"冷后浑"，红茶氧化发酵产生了茶黄素和茶红素，它们在沸水高温状态下不会聚合到一起，而当水温降低后它们加上茶叶里咖啡因等物质相互聚合，形成了络合物，导致茶汤不再清亮。茶黄素和茶红素是红茶"温暖身体"的灵魂。研究指出，茶黄素含量越高，"冷后浑"越明显。因此这种浑浊非但不是红茶品质不好所致，反而是红茶的一种品质象征。这也是在提醒你赶快喝掉这杯红茶吧，别等它凉了，更何况是要温暖身体。

生姜、红枣、红糖和牛奶是和红茶搭配的好材料，特别是能帮助女性朋友感受温暖。

冲泡十六式参见：

第十式：红茶

舒缓压力

压力过大的表现和缓解压力的意义

随着信息时代的迅速发展，社会生活日新月异，人们与外界的交流变得越来越频繁。我们每天与外界进行信息交换，收到的任何刺激都有可能让我们感受到压力。英文的两个单词，"pressure"和"stress"，翻译成中文都可被译为压力。前者更注重强制或促使某种行动的外部压力；而后者则更多描述内心紧张的精神压力。精神压力只是一种感觉，是一种面对潜在危机时内心的不安全感。精神压力不完全是一种坏事情，因为它也是推动我们生活和工作的动力，是保持自身竞争能力的重要保障。不难想象，如果一个人没有任何压力，没有经济压力、没有时间节点，他就很难确定目标，也很难按时完成任何任务。适度的压力，会调动我们机体的神经和内分泌系统处于应激状态，让我们保持活力和积极的状态。但是，如果压力超过能够承受的程度而且时间过长，身体会接二连三地出现问题。首先受影响的是一个人的情绪，情绪不好的状况有 4 种表现：容易烦躁，喜怒无常；自卑或者自负；精力不济，对工作积极性不高；对超出能力的事情有疏远感。如果长时间的情绪不好会影响精神状态，精神方面会出现注意力不易集中、对于无关紧要的事优柔寡断、记忆力下降、判断力下降、持续对自己和周围的人态度消极。这种负面的精神状态在积累到一定程度之后，一些人在行为方面会发生变化，出现失眠焦虑、饮酒和吸烟次数比以前增多、性欲减弱、因应付不了社交而从朋友的圈子中淡出，最后是很难放松和持续的焦躁不安。久而久之，身体上会出现异常，比如头疼、消沉和经常性的忧愁、肌肉紧张（尤其在头部、肩部和背部肌肉）、皮肤干燥、出现斑点、起痘痘、消化系统出现诸如胃痛、消化不良或溃疡扩散等症状，更为严重的情况下会不时发生心悸和胸部疼痛（排除心脏病之后仍存在疼痛）。压力大，不等于一定会抑郁，但是抑郁是最常见的应激反应。如果发现自己在一段时间里总是感觉压力很大、情绪低落，甚至出现种种行为和生理的变化，那就一定要学着去调节和释放，甚至需要去就医。

自我调节情绪的方式因人而异，可以通过体育运动来发泄情绪，增加脑内啡呔的释放来让自己变得快乐；可以一个人去旅游享受思想的自由，尝试换个角度思考问题；也可以找亲密的人倾诉。疏解压力、消除抑郁情绪其实没有想象的那么难。最简单的办法是每天给自己"放个假"，泡一壶茶，端起茶杯自娱自乐，或者约三五好友叙叙旧、聊聊天，你会觉得生活还是很美好的。

饮茶与舒缓压力的科学研究

目前，有关喝茶与调节情绪的研究大都集中于茉莉花茶。福建农林大学以抑郁小鼠为试验对象，探究茉莉花茶对抑郁的防治作用及其相关机制。研究表明，茉莉花茶对小鼠的体征状态（体重、摄食量和糖水偏好程度）有改善作用（$P < 0.05$），并且茉莉花茶能够明显提高小鼠全脑中去甲肾上腺素（NA）和多巴胺（DA）的含量（$P < 0.05$）。有趣的是，其中还有一次对小鼠进行悬尾和强迫游泳试验时，若连续使用茉莉花茶汤灌胃或茶香气处理，均能明显缩短小鼠的不动时间（$P < 0.01$）。茉莉花茶具有抗抑郁的作用，机制可能与提高去甲肾上腺素和多巴胺的含量有关。

原则上，任何茶叶都可以做成茉莉花茶，但是目前大多是以绿茶为茶坯来窨制茉莉花茶，这样的茉莉花茶同时蕴含绿茶与茉莉花中丰富的化学成分。茉莉花茶的茶香与花香相得益彰，清香淡雅，既有茶的浓郁，又散发出独特的花香，让人心情放松。茉莉花茶的精油含量是其他茶类的几十倍，具有特殊的生理功效。中医上认为，茉莉花茶具有疏肝解郁、理气调经的特殊生理功效。少量饮用茉莉花茶有助睡眠，对女性生理期的痛经也有舒缓作用。《本草纲目拾遗》中说："其气上能透顶，下至小腹，解胸中一切陈腐之气"。北京同济医院院长、养生专家吴大真认为茉莉花最主要的药用功效之一就是解郁，而茉莉花之所以能够理气解郁，要得益于它的浓郁芬芳。

现代的科学多集中在生物学方面的研究，而饮茶的作用绝不局限于化学反应。早在南北朝时期，佛教和道教禅师就开始研究饮茶与悟道，不同的人对于禅茶一味的妙意有不同角度和不同层次的感受。参禅，讲究的是心灵感悟，我们无从知道每个人在饮下一杯茶时心里想的是什么，但是我们知道这端起的茶杯，总是会放下的。世间万物也好，面前的一个茶杯也罢，端得起、放得下，这应该也是一种禅意吧！

舒缓压力的最佳饮茶方法

基于上述饮茶与舒缓压力的科学研究，我们更推荐饮用花茶。中国花茶历史悠久，而茉莉花茶更是独具特色。目前，中国三大茉莉花茶之乡分别是福建福州、广西横县和四川犍为。福建的花茶一般会在加工后期将花苞拣出，而四川的茉莉花茶大多是把花和茶混在一起。如果泡这种茶，最好是选用玻璃茶具或者盖碗，因为玻璃的透明能够让经过脱水干燥后的茉莉花蕾再一次完美绽放，而盖碗冲泡能让一瓣瓣雪白的茉莉花瓣散在绿茶茶汤间，犹如"碧潭飘雪"。茉莉花茶除了本身能提高去甲肾上腺素和多巴胺的分泌外，其本身的香气和外形也是赶走负面情绪、舒缓压力的良方。

对于孕妇来讲，也可以适当喝些茉莉茶，有助于安定心神，舒缓孕期抑郁，但是要注意不要喝太浓的茶或者是放太多的茉莉花，清淡一些为宜。有睡眠问题的人群，也要注意茉莉花茶的浓淡。如果担心绿茶为茶坯的花茶影响睡眠，可以选择一些用红茶、乌龙茶、黑茶等作基底的花茶。

茉莉花茶中可以添加蜂蜜调饮，蜂蜜中富含多种促进机体代谢的酶和维生素 C，且能让花茶香气清幽，喝起来回味隽永。其他类花茶，如玫瑰花、桂花等也具有一些情绪调节功能，亦可自行搭配茶叶成"玫瑰红茶"、"桂花龙井"、"桂花六堡"等饮用。

每每我们端起茶杯，请要记得这茶杯总是要放下的。放下这茶杯，放下内心的执拗，放下这世间的烦恼，也放下那份无形的压力。

饮茶，要记得端起、放下……

冲泡十六式参见：

第二式：绿茶（茉莉花）之成熟大叶

口腔健康

常见的口腔问题及产生原因

"牙口好，胃口就好，吃嘛儿嘛儿香，身体倍儿棒！"这句十几年前的牙膏广告一度传遍大江南北。从这句广告语中可以看出口腔健康的重要性，口腔健康状况直接影响肠胃健康，进而影响身体的整体状态。世界卫生组织（WHO）将牙齿健康确定为人体健康十大标准之一。据最新的口腔流行病调查报告显示，我国口腔患病率高达 97.6%，几乎每个人都或多或少地受到牙齿疾患、牙周炎等口腔问题的困扰。

全国口腔健康流行病学调查显示，龋病（俗称虫牙或蛀牙）和牙周疾病（包括牙龈炎和牙周炎）是危害我国居民口腔健康的两种最常见的疾病。口腔疾病不仅给我们带来生理上的痛苦，还会由于口臭和美观而影响社交，降低生活幸福感。龋齿和牙周受细菌感染的影响更是会直接影响胃部的健康，影响食欲和进食，进而引发一系列的健康问题诸如免疫力下降，进而导致其它疾病乘虚而入。导致口腔疾病的致病微生物如果长期留存在口腔中，也可能加剧或导致其他疾病，如冠心病、糖尿病等。

口腔科医生明确指出，龋齿和牙周疾病两大口腔疾病主要是由牙菌斑引起的。因此，通过自我口腔保健和专业口腔保健清除牙菌斑是维护口腔健康的基础。

■ 饮茶与口腔健康的科学研究

茶叶经口而入，口腔是其在身体中的第一站。雁过留声，茶叶作为一款天然健康的饮品，自然对口腔健康有所助益。近年来，研究发现茶叶对龋齿、牙周炎、牙龈炎，甚至口腔癌都有预防和辅助治疗的作用。

在茶水被饮入胃肠之前，茶叶中的各种成分在口腔中就已经开始直接发挥作用了，茶多酚等活性成分在口腔中的作用更为直接。在口腔健康方面，使用绿茶、白茶的研究最多，研究结果对其抗牙菌斑等作用也是十分肯定。茶叶中促进口腔健康的主要成分是茶多酚，因此茶多酚含量高、香气明显、颜色相对较淡的绿茶就是维护口腔健康的不二之选。而科学家还发现白茶在轻度发酵过程中还产生了一些抑菌抗炎活性很强的黄酮分子，因此白茶对口腔的护理效果可能更好。目前认为绿茶和白茶对口腔疾病的防治机理最主要是抑菌。

印度的一个牙科学研究所的科学家们招募了 30 位受试者，分别使用氯己定漱口水（一种广谱抗菌剂，广泛运用于龋齿和牙周病的预防）、绿茶以及纯水进行 1 分钟的漱口，5 分钟后测定牙菌斑中变形链球菌计数。结果发现，与纯水相比，氯己定漱口水和绿茶都更能有效降低牙菌斑中变形链球菌数。而另一项研究将 110 名成年男性，随机分成了 2 组，实验组每天使用两次 10 毫升含有 2% 绿茶的漱口水漱口 1 分钟，对照组则每天 2 次使用普通不含有绿茶成分的漱口水漱口 1 分钟，试验共进行了 28 天。结果发现，使用含绿茶的漱口水可以显著地减少口腔中的牙菌斑数量并缓解牙龈炎症。

绿茶和白茶发酵度低，原生态的小分子茶多酚含量高，而茶多酚抑菌功效强，能够有效抑制口腔中的有害细菌，如变形链球菌和乳酸菌。通常，有害微生物不能附着在光洁的牙齿上，但如果牙齿上有糖等残留物时，微生物可以释放出一些酶类物质与糖结合，从而把自己"粘"在牙齿上，对牙齿进行侵蚀，形成牙斑、蛀孔。茶多酚类物质可以抑制微生物释放的酶类物质的活性，使这些有害菌无法黏附在牙齿上，减少龋齿的形成。

此外，茶皂素和茶叶里的少量氟也有辅助促进口腔健康的作用。茶皂素具有皂苷类物质的表面活性作用，能够起到清洗和清洁的作用，消除口腔异味，它还能够协助茶多酚等杀菌物质，增强茶叶的杀菌抑菌效果，增强牙釉质的抗酸能力。氟元素有效预防龋齿已经是广为认同的事实，它能与牙齿的钙质结合，增加牙釉质的坚固性，减少酸性物质的伤害。牙膏中添加氟化钠来保护牙齿的做法也被广为使用。绿茶中含有的少量维生素C也具有预防牙龈出血的功效。

很多研究指出绿茶和白茶的以下几种活性也是其促进口腔健康的关键：抗炎，抑制免疫炎症反应的发生；促进牙周膜成纤维细胞增殖，帮助损坏的牙周组织再生；茶多酚还能够抑制甲硫醇等臭气物质的产生，促进臭气物质转化和消失；同时茶多酚的抗癌活性还直接降低了口腔癌的发生及复发概率，这一点在前面章节都有介绍。

促进口腔健康的科学饮茶方法

为了解决口腔问题，我们首先想到的就是"杀菌"能力强的茶叶，首推绿茶和白茶。我们可以将茶水的使用与我们日常的漱口、刷牙这些常规的口腔护理结合起来，方便有效。例如，可以将饮用的绿茶或白茶用于餐后口腔保健，反复用茶水漱口3次，每次30秒至1分钟，让茶水与口腔充分接触，确保茶多酚在口腔内充分作用。另一种方法可以用前一天留下的茶水代替清水刷牙。绿茶和白茶中的抗菌消炎成分，与牙膏中的有效成分协同作用，可以更有效地保护牙齿。

无须强调，口腔健康不仅需要没有疾病，牙齿的美观也非常重要。很多人担心长期饮茶或用茶漱口会导致牙齿发黄发黑。牙齿变黑主要是牙垢和牙石上面附着色素引起的。如果没有良好刷牙习惯，会导致牙齿周围积累大量的牙垢，牙垢积久可以硬化为牙石。长期吸烟以及我们日常的吃喝，包括喝茶，都会使一些深色且易染色的物质吸附到牙垢之上而造成牙齿变色。茶叶里的天然茶色素，特别是深色的茶褐素的确存在此类问题。解决此类问题的根本不是杜绝一切深色食物和饮料，而是应该养成良好的刷牙习惯和定期去医院洗牙。当然戒烟也是必需的。

绿茶和白茶颜色比较浅淡，对牙齿的颜色影响相对较小。如果长期饮用颜色很深的红茶、乌龙茶、黑茶或普洱茶等，更应该注意饭后漱口、按科学方法刷牙以及定期去牙医诊所洗牙。

■冲泡十六式参见：

1. 第一式：绿茶之细嫩芽尖
2. 第二式：绿茶之成熟大叶
3. 第五式：白茶之细嫩毫尖
4. 第六式：白茶之成熟大叶

美容抗衰老

■皮肤衰老的表现及原因

爱美之心，人皆有之。人们经常说，由内而外的自信和气质是美丽的标志，但是也无法否认，客观上的漂亮和华丽的肌肤能为美丽加分不少。白里透红、水润、紧致、弹性十足这些都是年轻、健康皮肤的标志。但是俗话说得明白，岁月是一把"杀猪刀"，皮肤和其他器官一样会随着年龄的增加而趋向衰老。皮肤衰老的结果，除了使皮肤的生理功能减退外，还会使人的外貌发生变化，主要表现为皱纹、下垂感、色斑暗疮、干燥和肤色发黄晦暗，等等，还有很多让人伤心的词汇。

皮肤衰老是由遗传因素决定并受多种环境因素影响的自然过程，包括自然老化和外源性老化两种形式。自然老化又叫内源性老化，随着年龄的变化，皮肤内的汗腺和皮脂腺功能下降、分泌减少而发生干燥和皱纹；同时由于皮肤营养障碍而使得皮下脂肪减少、真皮层的胶原纤维与弹力纤维减少，皮肤弹性和紧致度下降，会出现下垂和皱纹。外源性老化主要因环境因素如经常熬夜、吸烟、风吹日晒、经常性卸妆不彻底、接触有害化学物质以及细菌感染引起。习惯性的表情，无论是终日愁眉苦脸还是经常性的开怀大笑，都会作为岁月沧桑被毫无遗漏地印刻在一个人的脸上。

研究显示，与之前相比，都市生活的人们皮肤变得更脆弱了。造成这种情况的原因有很多。虽然现代都市人不再受风吹日晒、雨淋霜冻之苦，但高生活压力让自己身体产生了变化，如心烦、肠胃不适、容易生病以及睡眠质量下降等都会引发肌肤问题。此外，不良的膳食结构也会影响皮肤状态。比如，食盐过多，除可使面色黑黄外，也有可能导致面颊长出雀斑。若同时摄入动物性脂肪和蛋白质过多，则会影响肝脏正常代谢而使雀斑更显眼。环境因素，包括空气中的粉尘、细小颗粒物、油烟、二手烟等也都是皮肤衰老的大敌。然而，护肤若完全依靠化妆品，那就是一种"治标不治本"的方式，甚至会引起更多的继发问题。年轻健康的皮肤的养成，需要内外兼修，首先要做到养成良好的生活习惯，比如保证充足的睡眠，保持阳光善良的心态，坚持健康饮食，规律的体育锻炼等。美容抗衰老还需要外部的日常润肤护理以及通过滋补品等调理和维持皮肤的健康状态。科学研究为我们总结出皮肤调理的方向，包括对抗氧自由基、良好的血液循环和强劲的免疫力。饮茶，则可以帮助我们简便安全且有效地保护皮肤、调节气色。

饮茶与美容抗衰老的科学研究

茶多酚是一种强力的氧自由基抑制剂，天然的抗氧化剂，其清除氧自由基的能力是普通抗氧化剂维生素 C 的 3~10 倍。研究发现，茶多酚有助于降低组织中丙二醛和脂褐质的含量、调节 DNA 甲基化酶活力和辅助增强其它抗氧化剂（维生素 E、维生素 C、谷胱甘肽及类胡萝卜素等）的抗氧化能力。除此之外，皮肤弹性减退、皱纹形成和老年色素沉着是皮肤衰老的主要表现，从分子水平来讲，则是由于胶原蛋白被破坏减少和脂褐质堆积。茶多酚在清除体内活性自由基的同时，直接减少了胶原蛋白等生物大分子被自由基破坏的数量，还能阻断脂质的过氧化反应，降低细胞内过氧化脂质含量，减少皮肤脂褐质的堆积。更有研究表明，茶多酚对超氧阴离子、自由基的清除率在局部使用时的作用呈明显的

量效关系，这为研发抗皮肤衰老护肤品提供了新的突破点。

事实上，各类茶叶都是美容抗衰老的天然"化妆品"，不同的加工方法让每种茶各具优势。绿茶茶多酚含量高，抗氧化效果最好，是美容养颜的好选择；乌龙茶可以抗过敏，降血脂，综合调节机体的代谢，自然也是护肤美体的好选择；黑茶通便排毒，内外兼修，也是使肌肤保持光泽的好助手。爱茶也爱美的科研人员非常偏爱红茶和新白茶，对其美容抗衰老方面进行了更深入的研究。

红茶的美容抗衰老效果主要体现在红茶中含有大量的茶黄素和茶红素，这两类茶色素通过调节体内生物酶系的活性、直接消除自由基等途径来实现它的抗氧化作用。一项建立茶红素在体外反应体系模型的研究显示：茶红素捕获 DPPH 和 OH·自由基的能力强于茶褐素。另外，前面章节提到过，茶黄素促进微循环，温暖身心的同时也会令面容红润。

新白茶不仅茶黄酮含量是所有茶叶中最高的，而且仍然含有极高的儿茶素。这些成分可以抑制皮肤中弹性蛋白酶和胶原酶的活性，减少真皮层胶原蛋白和弹性蛋白的降解，从而有助于维持皮肤的弹性，减少皱纹的产生。此外，新白茶成分具有活化超氧化物歧化酶（SOD）的作用，增强皮肤自身的抗氧化能力。还能抵抗紫外线引起的人皮肤DNA突变和免疫损伤。因此，新白茶可以从多方面保护皮肤免受损伤，维护肌肤的美丽。

美容抗衰老的科学饮茶方法

绿茶、红茶、新白茶，各有千秋，从不同的角度帮我们保卫青春。绿茶，更像一个卫士，以其强有力的抗氧化和抗菌能力由内而外、全方位地保护我们。春夏之季，不妨每天为自己泡一杯浓郁的绿茶，不但抗衰老，还能减肥，这两点都是抗衰老的重点。

红茶美容养颜，可以作为白领日常调理的首选。早晨刚到办公室、午饭过后、下午茶歇都是饮红茶的好时间，不仅帮助皮肤永葆青春，还能够调理肠胃和血液循环，内外兼修。每天泡饮一小罐4克红茶，为身体补充水分的同时，浓浓红茶的馥郁芬芳还会帮你舒缓情绪，更是保持青春的好方法。

白茶护肤抗皱的效果不容忽视。一般认为老白茶有更好的药用价值，但也不能一概而论。单就美容抗衰老而言，儿茶素、氨基酸含量至关重要，新白茶中上述成分含量高，有更好的美容抗衰作用。相比红茶，白茶祛斑美容作用更强，特别推荐给中年女性来保持肌肤活力。每天饮用一小罐儿4克白茶，按照白茶常规的冲泡方法即可，不要时间过短，否则白茶中黄酮等"美容因子"来不及充分释放。

除了传统的茶饮，当下许多年轻女性都推崇的玫瑰花茶也具有较强的美容养颜功效。中医认为，玫瑰花味甘微苦、性温，最明显的功效就是理气解郁、活血散淤和调经止痛。此外，玫瑰花含有丰富的多种维生素以及单宁酸，能改善内分泌失调，对消除疲劳和伤口愈合也有帮助。玫瑰花窨制的花茶，早在我国明代钱椿年编、顾元庆校的《茶谱》、屠隆《考槃余事》、刘基《多能鄙事》等书就有详细记载。除了玫瑰花单独泡茶饮用外，常见的还有玫瑰红茶、玫瑰绿茶和玫瑰普洱等。

冲泡十六式参见：

1. 第一式：绿茶之细嫩芽尖

2. 第二式：绿茶之成熟大叶

3. 第五式：白茶之细嫩毫尖

4. 第六式：白茶之成熟大叶

5. 第十式：红茶

抗过敏

▌过敏的产生与不适症状

　　广义上讲，过敏是受到外界刺激时，身体的免疫系统产生的一种特殊反应。外界刺激主要来自于空气中的异物和食物中的过敏原。过敏反应一般发作迅速、反应强烈，消退得也比较快，有明显的遗传特质和个体差异，有很多经常过敏的人就被划作"过敏体质"。目前全球有 22%~25% 的人群有过敏性鼻炎、哮喘、湿疹等过敏性疾病，其中最常见的为"花粉过敏"。花粉是植物的雄性生殖细胞，对花粉过敏的人群，在吸入花粉后会引发一系列的病理生理过程。花粉过敏的症状可大可小，轻者如打喷嚏、流鼻涕、头痛，严重者甚至会出现呼吸困难、荨麻疹等状况。接触性皮炎也是过敏的一种。表现在皮肤接触刺激物后局部或者甚至接触部位以外的部分发生炎症。接触性皮炎通常表现为皮肤瘙痒，起红斑，皮肤肿胀，出现水疱甚至大疱，病情严重者还会出现发热、恶心等一系列症状。除了空气物质的刺激，食物过敏也很普遍。食物过敏是人体免疫系统对特定食物产生不正常的免疫反应，比较常见的是一些高蛋白食物，如鸡蛋、乳制品、海鲜等都可能成为过敏原。也有少数人对特定的食物过敏，如面粉、大米、菠菜、桃子等，差不多任何一种食物都有可能引起过敏。临床上严重的过敏称为过敏症，过敏症是临床免疫学方面最紧急的事件，足以致命，一旦发生需要及时就医。

　　目前没有任何一种药物或者食物能真正"抗过敏"，因为过敏本身是一种双向的免疫机制，它是人体对外物入侵的防御机制，防御过当产生自体伤害，但是如果矫枉过正而没有防御，显然也是严重的疾病。比如艾滋病就是机体丧失了对外界入侵的免疫能力，是一种致死性疾病。现代医学研究还不足以帮助人体来界定防御的对象，也不能帮助人体设定防御的程度。但是，过敏困扰了很多人的生活，比如在长达几个月的花粉季节，花粉过敏的人会终日头痛、打喷嚏、流鼻涕，严重影响饮食起居，更不用提生活质量和工作效率的下降。生活中还有一些人患有隐性过敏，就是虽然没有明显的过敏症状，但是长期感觉不舒服，生活质量大受影响。比如有一些人患有并不严重的谷蛋白过敏，吃面食就会引起并不严重的身体不舒服，但是因为面食无处不在，很难发现吃面食存在问题，而且大多数人已经习惯了那种不适。在前些年市场上推出了不含谷蛋白（gluten-free）的食品之后，一些人才突然发现自从开始吃不含谷蛋白的食品并避开普通面食，他们整个人变得舒适而愉悦，这时才知道自己其实长期以来都在承受着过敏的困扰。因此，调节机体免疫、抗过敏是一种老百姓呼声甚高的需求，科学工作者也投入了巨大的精力、智慧和经费来钻研，企盼能够帮助饱受困扰的人缓解痛苦。

饮茶与抗过敏的科学研究

饮茶，一方面有抗菌消炎的作用，能够在一定程度上减少过敏原的刺激。另一方面，现在有一些动物实验和人群研究证明茶叶中的儿茶素、茶多酚、茶黄素和茶皂素等具有一定的抑制与过敏反应相关的化学物质的作用，如抑制组胺的释放、抑制透明质酸的活性和促进肾上腺的活动等。西南大学的苏学素教授与中国农科院茶叶研究所的科学家们研究对比了不同茶

叶抗过敏能力，结果表明红茶、乌龙茶和绿茶的抗过敏能力较强。

完全发酵的红茶，茶黄素含量高。研究表明茶黄素可降低皮肤等处的过敏反应。有研究显示，在透明质酸酶体外抑制试验和肥大细胞组胺抑制试验中发现，不同加工方式的同种茶叶，红茶的抗过敏活性强于绿茶。

乌龙茶经过适度发酵，产生了较高的甲基化儿茶素 EGCG3 "Me 和 EGCG4" Me，而上述物质有很强的抗过敏反应活性。对比试验发现，这些被修饰的 EGCG 比 EGCG 原型的抗过敏活性要强很多倍。加之乌龙茶中一

定含量的茶黄素也有抗过敏活性，协同作用后乌龙茶通过以下四种方式参与抗过敏：（1）抑制化学物质诱导的过敏反应；（2）抑制肥大细胞释放过敏诱导因子组胺，从而减轻组胺介导的打喷嚏、流鼻涕等反应；（3）抑制过敏诱导因子透明质酸酶的活性；（4）拮抗 IgE 受体，继而抑制 IgE 介导的 I 型变态反应。

大量的研究指出茶多酚具有非常好的"透皮性"，这意味着含有茶多酚的护肤品能够充分发挥出茶多酚的抗氧化和抗过敏的作用。

怎么强调都不为过的一点是，过敏可以是严重且致命的病理反应，没有任何一种药物或饮品能够防止过敏，只能是在一定范围内缓解过敏症状。但是在大量研究的证明和鼓励之下，我们相信饮茶能够提高过敏人群的生活质量，可以算作一个"小确幸"吧。

▌抗过敏的最佳饮茶方法

乌龙茶和红茶在这一节又胜出了！每天一小罐儿 4 克的红茶或乌龙茶，可以作为有过敏困扰之人的调理方式。

无论是乌龙茶，还是红茶，抗过敏都与其氧化发酵制作工序密不可分，加之一些试制品种中高含量的抗过敏物质，为乌龙茶和红茶贴上了抗过敏标签。没食子酸以及修饰后的儿茶素、茶黄素、茶红素和茶多糖都被证明有抗过敏的作用，为了让这些分子量相差很大的物质都能够充分溶出，应该适当延长冲泡时间；而像一些很快就泡在茶汤里的物质，比如咖啡因、茶氨酸，并不是红茶和乌龙茶抗过敏的关键。但这也就产生了一个矛盾，乌龙茶，特别是岩茶，如果用传统乌龙茶盖碗冲泡法，当冲泡时间过长，虽然活性物质都溶出了，但是过于浓重的口味往往让大家望而却步。这时使用茶壶就是最好的方法。用更多的水（400 毫升）去冲泡岩茶或铁观音，这样既能保证冲泡时间，也能保证乌龙茶悠扬的香气和宜人的口味。

因为重要，所以再次提醒，如果已经发生了过敏症状，应该及时去医院就诊，根据过敏的原因分别对待，对症下药，切忌以茶当药。

■ **冲泡十六式参见：**

   1. 第八式：乌龙茶之清香型

   2. 第九式：乌龙茶之浓香型

   3. 第十式：红茶

抗辐射

■ **生活中的辐射与危害**

自然界中的一切物体，只要温度在绝对温度零度（－273.15℃）以上，都会以电磁波的形式时刻不停地向外传送能量，这种传送能量的方式称为辐射。物体通过辐射所放出的能量，称为辐射能。正如世界卫生组织在其网站上所言："辐射"其实一直都是自然界的一部分；自然辐射可以来自于土壤、水和空气。我们平常沐浴阳光感受太阳的温暖，其实就是在接受太阳的辐射；而其中的紫外线为大多数人所熟悉。紫外线能够促进皮肤生成黑色素也能够促进体内合成维生素 D_3，但是如果紫外线照射过量，会引起皮肤癌等疾病。

对健康构成影响的辐射主要包括电磁辐射和电离辐射。电离辐射是辐射能量超级强大的电磁辐射，它的威力足以破坏基本的物质结构，即能够使被辐射物质的电子脱离原子或分子，这个过程也称作离子化。日常生活中，我们能够接触到的达到电离级别的辐射极少，一般只见于核泄漏、放射性矿石或医学诊疗设备如放射性治疗等。

如果超量，电磁辐射对生物体的危害很大，造成损伤的机理包括直接损伤和通过氧自由基的间接损伤。DNA、蛋白质及酶类物质都会直接被辐射到从而使分子变性和细胞结构破坏，这是直接损伤；而间接的损伤是机体内的水分子被辐射之后产生大量的具有强氧化性能的自由基，间接导致细胞变性、坏死，以致机体代谢紊乱，发生病变等。世界卫生组织于1998年列出辐射对人体的五大影响：（1）辐射是心血管病、糖尿病、癌突变的主要诱因；（2）辐射对人体生殖系统、神经系统、免疫系统造成伤害；（3）辐射是孕妇流产、不育、畸胎等病变的诱发因素；（4）辐射直接影响儿童的

发育、骨髓发育，导致视力下降、视网膜脱落，肝脏造血功能下降；（5）辐射可使性功能下降，女性内分泌紊乱，月经失调。

生活中常见的辐射一般都属于小剂量的电磁辐射。随着工业和家用电器的普及，生活中的电磁辐射开始增多，手机、电脑、电视、微波炉、通讯发射站、民航飞机等都可以成为辐射源。其实，很多家用电脑和手机到底能够对人体产生多大辐射以及这些辐射能够带来多大的危害，仍然没有定量的结论。可是因为神秘，人们心里总是有一种惴惴的不安全感，也非常希望能有一些简单的抗辐射产品来对抗这个"辐射超载"的环境。

辐射的危害听上去非常恐怖，因此我们应该尽量避免受到一次性大剂量的辐射，比如在怀孕期间尽量避免 X 射线透视和 CT 检查，普通人也尽量避免一年内超过两次的透视检查等。而对于生活中无法避免的慢性持续性小剂量辐射也应该采取积极的办法尽量避免。对于某些职业无法避免长期的电磁辐射，如医疗、IT 、金融、广电、民航、电力、电信等行业，可以服用一些具有抗辐射作用的功能食物和保健品减少辐射对健康的影响。茶叶是天然的抗氧化剂，同时也被证明具有一定的抗辐射功能，可以作为日常的饮品保护身体少受辐射影响。

饮茶与抗辐射的科学研究

饮茶抗辐射是一个新课题，但现代科学研究或多或少地指出茶多酚、茶多糖等茶叶功能因子具有抗辐射的作用，也有一些体外实验和动物实验证明无论是绿茶、乌龙茶、红茶还是普洱茶，都有抗辐射的功效。在这里我们着重推荐绿茶和乌龙茶作为抗辐射的辅助饮品。

从 20 世纪 90 年代开始，人们逐渐发现茶叶及茶多酚中某些化学物质具有抗辐射活性。美国科学家通过研究发现，含有大量多酚复合物的绿茶可有效抑制紫外线（UV）辐射造成的皮肤氧化应激、转录因子 NF-Kappa B 激活和 DNA 损伤，达到抗辐射保护皮肤组织的作用。英国科学家的研究显示，绿茶能够阻止紫外线和可见光等对于细胞 DNA 的损伤。另外在研究绿茶及其活性成分抗辐射的小鼠试验发现绿茶水提物和多酚类化合物能阻止小鼠由于紫外线辐射引起的皮肤癌，降低辐射小鼠的肿瘤发生率和肿瘤多样性。美国阿拉巴马伯明翰医学院的专家通过研究证实了局部外敷或饮用绿茶的主要活性成分 EGCG 可有效预防 UVB 辐射造成的免疫抑制及肿瘤发生。

　　辐射对机体的伤害主要表现为氧化损伤和对免疫系统的破坏，乌龙茶属于半发酵茶，仍然含有丰富的茶多酚物质，清除自由基活性强，能够抵御辐射引起的氧化损伤。其实绿茶、红茶、白茶都具有一定抗辐射功效，茶多酚及其氧化产生的茶黄素和茶红素都具有抗辐射活性。在此基础上，科研工作者发现乌龙茶中的半发酵乌龙茶多糖有额外的抗辐射作用，它不仅有对抗氧化损伤的作用，还能够综合提高机体免疫力，长期饮用能显著增强机体的"防辐射"能力。

■抗辐射的最佳饮茶方法

　　基于上述饮茶与抗辐射的科学研究，我们推荐饮用绿茶和乌龙茶。绿茶中高含量的儿茶素具有显著的抗辐射功效，而且绿茶的冲泡相对随意，可以用玻璃杯等各种器具冲泡，如果条件不允许，也没必要"茶水分离"，这样对于每天陪伴在电脑边、手机边的上班族和白领，绿茶就成为抗辐射的首选，方便而不失时尚。例如，一次冲泡一小罐 4 克绿茶，就能起到一定抗辐射的作用，当然也随时可以补充新茶入壶。

　　对于希望通过抗辐射达到美容护肤等更明确健康益处的人群来说，可能乌龙茶是更好的选择，铁观音和岩茶在氧化发酵过程中产生的茶色素和活性更强的茶多糖也有着不俗的抗辐射能力。特别是"多糖"的抗辐射作用，已经得到了广泛的证实。相比绿茶，冲泡乌龙茶应尽量使大分子量的茶色素和多糖有充分的时间释放出来。但为了防止口味失衡，可以增加冲泡次数，既保证茶水的迅速分离，又保证足够的水分溶出更多的有效物质。

当然还有一些极端的辐射情况，比如在核电站工作、放疗等，我们当然也可以通过饮茶来提高机体的"抗辐射"能力，但此时更应该使用专业的防护措施来呵护我们的健康。

茶叶如果搭配枸杞冲饮，其中的枸杞多糖与茶多糖在抗辐射方面相互协同，效果更佳。

▌冲泡十六式参见：

1. 第一式：绿茶之细嫩芽尖
2. 第二式：绿茶之成熟大叶
3. 第八式：乌龙茶之清香型
4. 第九式：乌龙茶之浓香型

下篇

品饮中国茶

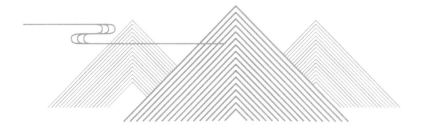

唯觉两腋习习清风生

茶筅

唐朝卢仝的《七碗茶歌》对饮茶的心路历程做了非常形象的描述："一碗喉吻润，二碗破孤闷，三碗搜枯肠，唯有文字五千卷。四碗发轻汗，平生不平事，尽向毛孔散。五碗肌骨清，六碗通仙灵。七碗吃不得也，唯觉两腋习习清风生。"饮中国茶是一种无上的享受，也有不同的认知境界。每个人在品茶的修习过程中会不断掌握泡茶的技巧，找到自己最喜欢的饮茶方式。

在我国唐代以前，最普遍的饮茶方法是煮茶，那时是将茶饼碾碎，用锅（那时称为釜）把水略烧开后，将碎茶撒入其中，茶水交融。煮好后茶汤和煮出来的茶沫都均匀地分给饮茶者，这饱含了雨露均施的意思。到了宋代，开始出现点茶的饮茶方法，就是将饼茶碾碎后，放在各个碗中，等锅中的水微微沸腾之后，用水冲点碗中的茶末，并用一种竹制的、用来搅拌茶与水的工具（茶筅）来不停击打，类似于打蛋器打鸡蛋一样，直至出现一层均匀茶沫。茶沫的颜色、性状、出现的时间等是评判茶叶好坏的因素。明代出现了点花茶法，将几朵梅花、桂花、茉莉花等花蕾与茶一起放在茶碗中，加入热水后可以观赏到花蕾绽放、嗅到花香与茶香。直到明清之后，我国才出现了泡茶的小壶，才开始流行泡茶法，也就是现在被大众广为使用的方法。

大多数人都没有系统地学习过中国茶，面对满满一茶台的各种物件儿，很多人都直呼头疼，敬而远之。"不会用、泡不好、太麻烦"，这是大多数现代人对于中国传统茶的感受。传统的饮茶方式虽然优美，但是过于复杂，它的存在更像是一种仪式，相信在这个信息化的时代很少有人能有那么多时间来享受这种奢侈。中国传统茶的清丽脱俗、曲高和寡和不接地气，极大限制了它的传播，也使大多数人损失掉了享受这大自然珍宝的机会。另外，传统的饮茶方式虽然优美，但是并没有从深层次地研究如何将每一种茶叶的健康功能最大化地溶入茶杯。

不论历史饮茶方法如何演变，泡一杯好茶总是需要有好水、有好器，还要具备因茶而异的泡茶技巧。只有这三方面都具备了，才能享受到中国茶真正应有的美好滋味和健康功能。

水为茶之母

　　古人云，"扬子江心水，蒙山顶上茶"。高山云雾出好茶，好茶可不是随便什么水都能匹配的，泡茶对水质的要求很高。我们品茶时，茶中各种物质的体现以及饮茶带来的身心愉悦，都是通过水的冲泡来实现。明代张源在《茶录》中写道："茶者，水之神；水者，茶之体。非真水莫显其神，非精茶曷窥其体。"好的泡茶用水，对其酸碱度、硬度以及其它可能的物质都有讲究。首先，pH值不宜超过7，就是说不可以是碱性的水。其次，水的硬度越低越好，不宜超过5，因为钙镁离子过高（水质过硬）会让茶水产生沉淀，影响口感。泡茶用水还应该避免含有铁离子，因为铁会与茶多酚络合，同时其它可以使茶味变涩变淡的金属离子也要尽量少。游离氯的含量应该低于0.2mg/L，过多的氯离子会使茶汤苦涩。另外，水中的溶解氧也要尽量少。古人已经帮我们总结出："泡茶，山水为上，江水为中，井水为下。"就是说高山上由冰晶融化的水最好，而富含矿物质的深井水最差。

　　细心的人会发现在很多办公场所冲泡的茶水表面会漂浮油垢，并伴随起泡现象，这种现象我们称之为"冷后浑"，那些混浊的漂浮物俗称茶油。冷后浑是由茶汤中的茶多酚、咖啡碱、蛋白质、少量多糖以及疏水性脂质、叶绿素等与水中的金属离子相互作用而形成了络合物，进而产生沉淀。品质越高的茶叶内容物含量越高，因而茶油出现的可能性越大。我国北方自来水硬度高，产生冷后浑的现象格外明显，以北京为甚。为避免茶水表面的油垢现象，我们不应该使用自来水泡茶，至少应该使用过滤的直饮水。瓶装的矿泉水也不一定适合，因为采集区域不同，有些矿泉水含有较高的矿物盐和微量元素，仍然会与茶叶中的物质发生作用而影响茶汤的颜色和茶水的滋味。总之，最简便、最保险的办法就是使用纯净水。

冷后浑

器为茶之父

　　品茶，品的是茶叶的色香味形，选择适宜的茶具能够将茶的这四个方面都更好地展现出来。茶具，古时候也称作茶器或茗器，伴随茶叶的流行而出现，随着饮茶风俗的发展而不断变化。汉朝之前，饮茶并没有专门的茶具，而是与其它酒具食具共用。到了东汉时期，饮茶文化得到了空前的发展，专门的茶具也应运而生。唐代之前，茶叶多是煮着饮用和食用，器具以陶土和金属的煮器为主。元代时，条形散茶已在全国范围内兴起，饮茶改为直接用沸水冲泡。这样，唐、宋时的炙茶、碾茶、罗茶、煮茶器具成了多余之物，而一些新的茶具品种脱颖而出。明朝是茶器发展的一个转折时期，是现代趋势定型的一个历史时期，最突出的贡献是诞生了紫砂和瓷器质地的小茶壶。另外，茶盏的形和色有了很大的变化，之前深色为主的茶盏被青瓷和白瓷所取代，突出了茶汤的颜色，增添了别样的观感。茶具的发展在清朝进入巅峰时期，出现了许多彩釉，例如粉彩、胭脂彩、珐琅彩等，这些色彩大大丰富了陶瓷茶具的外在形态。到了近现代，随着玻璃工业的普及，玻璃茶具开始流行。玻璃茶具晶莹透明的特性有助于欣赏细嫩名优茶的汤色和茶叶形态，欣赏叶片上下浮沉的动感画面，展现龙井、碧螺春、君山银针等名茶的形色之美，因此使用者众多。

　　唐代陆羽的《茶经·四之器》中列出了28种茶具，分别是：风炉、灰承、筥、炭挝、火筴、鍑（又称釜）、交床、夹、纸囊、碾、拂末、罗合、则、水方、漉水囊、瓢、竹筴、熟盂、鹾簋、揭、碗、畚、札、涤方、滓方、巾、具列、都篮。这为数众多的茶器，用起来十分复杂，茶经中也强调了在不同的场合下可以省去不同的茶器。从古至今，茶器主要用到的材质有：陶土、金属、瓷器、漆器、玻璃、竹木、搪瓷、玉石等。茶器按茶艺冲泡要求可划分为：煮水器、备茶器、泡茶器、盛茶器、涤洁器等；按用途可划分为：茶杯、茶碗、茶壶、茶盖、茶碟、托盘等。

"工欲善其事，必先利其器"，想泡好一壶茶，就必须了解茶器并学会使用。在饮茶之余偶尔欣赏雅致的器皿并享受到饮茶的意境实是人生幸福。但是普通人一般都很难有条件也没有必要完全按照古人的全套仪式使用种类繁多的茶器，只要能够满足饮茶需要，将茶叶的色香味形及其蕴含的健康功能融入茶水足矣。

日常生活中，大多数人没有时间为饮一杯茶使用全套几十种茶道用具。下面为读者简单介绍几种时下经常能够用得到的煮茶、泡饮和储茶的器具，帮助大家享受生活中的中国茶。

▌煮茶器具

煮茶，是指将茶投入煮茶壶或茶釜中，加水烹煮至沸再行饮茶的一种方法。煮茶是中国唐代之前最普遍的饮茶法，也是边疆地区游牧民族至今使用的古老饮茶方式。煮茶在长时间沸水的作用下，使得茶叶当中大量大

全套茶席

陶壶电炉煮茶

分子物质溶出，茶水滋味更厚重，但同时味道苦涩的儿茶素等小分子物质也会几乎全部溶出，茶汤会因此苦而青涩味重。对于发酵程度低的茶叶，如果长时间煮沸不但会使得茶汤苦涩，也会使茶叶的清香味损失过多，还会损失掉一部分抗氧化活性，因此不推荐煮饮新鲜的绿茶、新白茶、新鲜生普、清香铁观音和岩茶等。煮茶的方式最适合发酵程度高且苦涩物质聚合度高的茶叶。一种是原本就发酵重的茶叶，如黑茶、熟普、六堡茶等；另一种是储藏年份较长的老茶，比如老白茶、老普洱、陈年岩茶、陈年铁观音等。

电煮茶壶

煮茶器具可以使用陶土、金属、玻璃材质制作。目前市场上选择较多的煮茶器具是陶壶或玻璃壶。陶制的煮水壶有保温的作用，是较佳材质，但建议选择大壶口且不带釉的品种。现在市场上也有很多专门煮茶的电水壶，使用起来十分方便。

锡罐

陶土瓦罐是最早用来煮茶的用具，后来青铜器、铁器、金银器等金属制品开始流行，而金银器更是被推崇为身份的象征。唐代及以前通行煮茶，到了宋朝就只是煮水再点茶而不煮茶了。元朝之后，随着陶瓷茶具的兴起，银质器具在内的金属茶具逐渐消失，尤其是用锡、铁、铅等金属制作的茶具。据史料记载，金属器皿煮水泡茶，被认为会使"茶味走样"，以致很少有人使用。但用金属制成贮茶器具，如锡瓶、锡罐等，却仍然流行至今，这是因为金属器皿在当时是最好的防潮、避光的器物。

煮水壶是用来煮开水用的泡茶辅助器具。近些年市场上的"老铁壶"又作为老古董开始流行起来。老铁壶造型富于变化，粗犷厚重、气场强

老铁壶

大。然而事实上老铁壶煮的水却并不适合泡茶，更不适合用来煮茶。因为老铁壶烧水会带入铁等金属离子，虽然不足以影响茶多酚的吸收，但铁单质和茶叶中的鞣酸反应，会生成鞣酸铁，使得茶汤变成蓝黑色，更会使"茶味走样"，有一种生铁的味道。反应敏感的人可能会感觉到胃黏膜受到刺激，伴随有恶心、呕吐、消化不良等症状，所以建议大家慎重选择。

■ 泡饮器具

泡茶是中国茶文化发展的拐点，泡茶方式的出现带动了茶具、茶道、茶艺、茶文化的发展。传统上泡茶使用小茶壶或盖碗，现在很多人也用玻璃杯来泡茶。用茶壶和盖碗泡茶最讲究的是"出汤"时间，就是在热水冲入茶叶之后，算准时间及时将茶水倒入

公道杯紫砂壶

公道杯，即所谓的"茶水分离"。这样能够保证茶水里面的香气和滋味物质均衡且不过量，避免所有物质一次性溶出而苦涩等味道盖过鲜爽滋味，毁了茶的美味。

小茶壶泡茶起源于明代。小茶壶一般小巧且做工都非常精细，泡出的茶香气足、滋味浓厚甘醇。小茶壶以江苏宜兴的紫砂壶最为著名。宜兴当地的陶土不但颜色上具有很高的观赏性，而且其中含有细小砂粒，做出来的壶体本身具有微小空隙，使得紫砂壶在经过长时间茶水的滋润之后，壶体的微孔被茶里物质附着并填充，因而紫砂壶颜色会随茶汤的颜色而沉积变化，同时还带有年深日久的茶香。长时间的以手把玩更会使其质感光润，如古玉的观感。所以讲究的茶人会每一把壶只用于冲泡指定的某一种茶，并经常一手把玩，即所谓的"养壶"。紫砂壶养得越久，壶身越光亮温润，沉积的茶香越悠长。很多人都相信用紫砂茶具泡出来的茶，香味醇和，汤色澄清，在盛夏盛放也不易变馊而影响胃肠道健康，但其实这一点并没有得到足够的验证。明清时期，一些文人雅士喜欢将诗词、绘画等表现在紫

砂陶土上，从而使紫砂茶具有了别致的艺术效果和浓郁的文化气息，成为中国陶瓷艺术中的一颗璀璨明珠。紫砂壶的造型设计与装饰设计均撷取茶文化精髓，在制作方式上又受到了文人的感染，与文化界的交流十分频繁，是拍卖市场上的艺术精品。紫砂壶的形

题字紫砂壶

态已经在历史的大浪淘沙中留存下真正的经典，比如著名的西施壶、井栏、僧帽、掇球、金钟，等等。名家大师的作品往往价值连城而且一壶难求，正所谓"人间珠宝何足取，岂如阳羡一丸泥"。

盖碗由盖、碗、托三部分组成，可以专门用来泡茶用。在广东福建沿海一带流行的工夫茶是使用盖碗来泡茶的代表。盖碗泡茶需要将盖碗用热水冲浇一下让它热起来，再投入4~8克茶叶，注入热水。然后在恰好的时

功夫茶

间将泡好的茶水倒入公道杯再分入品茗杯中给在座的茶客。这"恰好的时间"才是泡茶的关键。工夫茶是乌龙茶的标配，重点在于出汤要快，否则浸泡时间过久会使茶水失去馥郁的香气而显得苦涩混沌。

用盖碗喝茶

盖碗也可以直接用来饮茶，是中国式饮茶的标志。盖碗的碗盖能闻茶香，增加茶汤保温功能，饮茶时还能用盖子拂去碗中的茶叶。而盖碗的茶托能托住茶杯，美观之余又可避免端茶烫手或茶汤溢出，饮用方便之余，也增添了礼仪风度。鲁迅先生就曾在《喝茶》一文中提到："喝好茶，是要用盖碗的"！

很多都市年轻人爱用较大的茶壶泡茶，一次可以泡出几杯的量，更为方便实用。另外玻璃茶杯也是非常不错的选择，方便、美观、易于清洗。玻璃茶杯非常适合泡绿茶和花草茶，我们可以清晰地看着细嫩的茶叶或花

朵在水中舒展开来的样子。绿茶刚刚冲入热水的时候，还是干燥的，会漂在水面，茶是茶水是水；当茶叶沉入杯底，说明茶叶已经吸饱了水分，而茶叶中的分子物质也大多溶入水中，这时就可以慢慢细品了。

泡茶最重要的是在合适的时间做到茶水分离，就是把茶水倒出来。这一点对于乌龙茶尤为重要。为了解决这个及时把水倒出来的问题，我国台湾的飘逸公司于1987年设计开发了"飘逸杯"并获得多个国际发明展金奖。飘逸杯有非常多很实用的功能，一套杯组就可以使茶叶、茶汤分离并过滤。玻璃材质能够看到茶汤，易于控制浓淡。同一杯组可以同时泡茶饮茶，省却了茶道中的大量繁琐配件。另外，飘逸杯可以小巧，供单人使用，也可以比较大，同时招待多人，也不会出现冲泡不及的尴尬。还有一个比较重要的就是相对好清洗，这也满足了大多数人的需要。

飘逸杯

同心杯

与飘逸杯类似的还有同心杯等，相似的原理，表现形式各异，为现代的饮茶生活提供了非常便利的多样选择。

储茶器具

从古至今，人们从未停止过探索和新创有效储存茶叶的方法。明代著名爱茶雅士冯梦祯在《快雪堂漫录》中写道："实茶大瓮，底置箬，封固倒放，则过夏不黄，以其气不外泄也。"这说明，明代时就已经有了用干燥和减少气体交换的方法以保持茶叶品质的宝贵经验。

茶叶具有"喜温燥而恶冷湿、喜清浊而忌香臭"等特性。这对存放茶叶的盛器内质和储存方法有着较高的要求。茶叶一旦受潮，易霉变，或因吸收异味而改变茶香，就很难恢复初始的状态，失去原本的滋味。因此，茶叶必须妥善贮藏。

一般来讲,家用茶叶的储存器具通常为木盒、陶瓷盛器、铁锡等金属制罐或有色玻璃瓶。大宗茶叶需要专门的仓库储存,避免受其它货品的沾染。散茶茶叶的储存,要

家用储茶器具

根据实际情况分为不同类型。鲜嫩清香的绿茶必须要在避光、干燥、无异味的环境存放,最好在 5℃以下的冰箱贮存。发酵茶类无需低温。红茶一般用瓷罐、陶罐储存,保证密封、干燥和避光。微生物发酵黑茶类的存放需要一定的空气存在,保证其在存放过程中持续发酵。味道越久越醇,随着年份的增加,无论是品质还是市场价值都会越来越高。此类茶叶,需要保证通风、干燥、避光,并注意储藏容器或者空间不要有异味。家里储藏黑茶可用敞口的陶罐、瓷罐,茶厂则以木仓储存。仓库以干仓为宜,因为湿仓存放虽然能够加速陈华,但是有霉变的风险。像普洱茶饼等紧压茶同样需要与空气等交互作用进而陈化,因此需保留完整的棉纸包裹和竹箬困扎,放于阴凉干燥通风的环境储存,同样建议干仓存放,避免霉变。

冲泡有技能

好水、好器都备好，离一杯好茶还差一个懂得冲泡好茶的人，而这个人只需掌握三点：茶与水的比例，水温以及时间。泡好中国茶，不仅是一种经验，更是一门学问。

一杯好茶的关键，无非在于茶水中所含茶叶物质的浓度。一杯好茶的标准是各种香气和滋味物质含量丰富且互相协调均衡，茶水既不过于苦涩，也不过于寡淡，呈现出茶所特有的丰厚香气和美味。同时，如果主要健康物质充足且占据主导，茶水即能达到调理生理活动提升健康的目的。茶水的浓度无非取决于两点：一是适量的干茶及与其对等的水量，即茶水比，这是达到适宜浓度的基础；二是干茶里的物质能否溶出，内含物质的溶出量取决于水温和时间，水温高则溶出多，时间久则溶出多。

■茶水比

茶水比是一个量化的概念，是茶学专业做感官审评时的标准化用词，而日常饮茶并无标准，个人饮茶需依据个人的喜好积累个人经验。当然，这种没有量化标准的情况十分符合中国的传统文化，非常写意，随心所欲不逾矩。只是现代的中国人很多已经失去了古人的那份闲情逸趣，生活压力大节奏快，无法静下来聆听内心的喜好。如果无据可循，虽然偶尔能够得到令人惊喜的美味，却无法保证信手拈来的总是期待的美好。古老的茶行业需要与时俱进，才能更好地发展，而一个易于掌握的、简单的定量方法是传统茶叶普及和推广的关键。

农业部茶叶质量监督检验测试中心在茶叶审评时采用的统一标准是：速溶茶以 0.75 克茶冲泡 150 毫升沸水，茶水比例为 1：200；其他各种茶均以 3 克茶冲泡 150 毫升沸水，茶水比例为 1：50；而乌龙茶和紧压茶需要增大茶量，使茶水比达到 1：30，即 1 克茶用 30 毫升水。同时，这个专业的茶水比，需要配套更为精细的专业标准，比如 3 克绿茶，配 150 毫升水，5 分钟将茶水倒出（出汤）用于审评。这种用于审评的茶水非常浓，日常饮茶完全无法被一般人接受。有研究指出，对于一般饮茶的人，茶与水的比例可为 1∶80 至 1∶100。

天平评茶

可以看出，这种专业的经验或标准对于普通人来说非常难以掌握。大部分人在喝茶的时候，一般不会准备一个电子秤和量杯，我们既无法理解 1 克茶到底多少，也无法掌握多少水才是 50 毫升。如果这个问题解决不了，泡好茶的基础就不存在了。

中国农业科学院茶叶研究所产业经济研究室的科研人员曾经做过详细的调查，研究显示经常饮茶的普通消费者一般习惯于每次投茶 4~5 克。根据中国人日常家庭和工作环境的饮水行为，大部分人每次饮水量在一个易拉罐到一饮料塑料瓶之间，即 330~500 毫升之间，相当于 400 毫升左右。

小罐茶套组

基于以上这些消费者市场调研结果，北京小罐茶业有限公司创造性地研制并开发出定量的小罐茶形式，每罐 4 克的标准化茶叶，并配套开发出 400 毫升容量的标准化行政壶组和 200 毫升的工夫茶套装。标准化的茶和配套茶具能够为普通消费者免去斟酌和计算的麻烦，极大地满足了消费者随手泡出好茶的基本需求。值得一提的是，目前的茶叶市场上还没有第二个茶叶企业把真正的优质好茶做到这种标准化的程度，也没有第二个茶叶企业为消费者系统地提供这样的便利，非常期待在不久的将来有更多的企业能够认真做好中国茶，为消费者提供好品质的茶以及饮茶的便利。

泡茶水温

泡茶的水温与茶叶中有效物质的溶出成正比，水温越高，溶出越多。有研究显示，60℃的水溶出率相当于100℃沸水的45%~65%。不同的茶，因其所含的成分特征不同，需要选择不同的温度。例如，如果使用沸水冲泡绿茶，茶叶中的咖啡碱大量且快速溶出，使得茶汤苦涩，而且茶叶中的维生素C等会被高温破坏，致使味道损失且茶汤颜色发黄。如果用低于80℃的水冲泡黑茶、红茶等，功效成分无法充分浸出，不但达不到预期的健康效果，而且无法将茶叶中丰富的味道冲泡出来。一般而言，绿茶、新白茶、黄茶，以及用绿茶和白茶等作为茶坯的花茶需要使用80~90℃的水温。越是细嫩的芽茶，水温越宜偏低，比如清明前采摘的头春单芽茶，应该使用80℃水。普通的绿茶一般使用85℃比较保险。冲泡红茶一般使用95℃热水。对于乌龙茶、黑茶、普洱茶、六堡茶等则应该使用100℃的沸水。

泡茶时间

茶叶的内含物溶出的量决定了茶水的浓度，进而决定了冲泡是否成功。简单地说，壶大水多的时候，泡的时间应该久一点；壶小水少的时候，泡的时间可以短一点，但是应该反复多次冲泡以使茶中精化全部溶出。例如使用400毫升水的商务茶壶泡4克乌龙茶，第一次可以泡2分钟达到较适口味；如果使用120毫升水的紫砂壶泡4克同样的乌龙茶，第一次只能泡30秒则必须将茶水倒出，否则茶味变差。喜欢普洱茶的人经常会说普洱茶耐泡，好的陈年生普最多可以泡20次。这种情况应该是指使用小的紫砂壶，如果用8克茶，20泡，应该是2000毫升水，如果用400毫升的大茶壶就不能泡很多次了。当然，如果是30年陈的老生普，也没有人舍得用商务大茶壶来冲泡，更不会一个人独饮。

如果我们细致地研究内容物的溶出过程，会发现这里的学问也不少。茶叶当中不同的物质溶出的速度是不一样的，也就是说，每一泡的茶水中的成分是不同的，因此每一泡的滋味、功能也有差异。掌握规律有助于我们选择适合自己的饮茶方法。

　　茶氨酸是茶叶中最易溶于水的物质，第一次冲泡能够溶出 80% 左右。咖啡碱第一次冲泡能够浸出 70%。而重要的功能物质茶多酚和可溶性糖在第一次冲泡时，能够溶出 30%~45%，需要再次冲泡才能将 80% 以上溶出。按照这个规律，第一泡且时间较短，茶汤中氨基酸较高，味道鲜爽，大部分咖啡因也基本溶出，具有较明显的提神作用，但是茶叶的特征性物质茶多酚等含量会比较少，特征性茶叶味道不明显。若冲泡时间太长，则茶叶的鲜爽味道被遮盖，苦涩味重。因此合适的冲泡次数和冲泡时间对于茶叶的品鉴和功效的享用是很必要的。

　　传统泡茶有上投法、中投法和下投法三种。上投法就是先向茶杯中一次性注入 200~300 毫升的热水，放置 10 分钟左右待水温降至 85℃时，再将 4 克茶叶投入杯中，略凉后饮用，这种方法适用于细嫩绿茶，如特级龙井、碧螺春、信阳毛尖。中投法是先加入茶叶，再加入三分之一的 85℃ 热水，待茶叶慢慢舒展开后（约 2~3 分钟），再加入最后三分之二的热水。中投法适用于较为细嫩的茶叶，如黄山毛峰，能够呈现茶香，且叶片舒展的美姿持续时间也比较长，但老茶人认为味道与上投法相比略逊一筹。下投法是大家最常见的泡茶方法，就是先放 4~5 克茶叶，然后一次性注入 85℃ 的热水，这种方法常用于等级一般、细嫩度较差的茶叶，也是常用的简便泡茶方法。

下投法

健康冲泡十六式

　　科学饮茶不仅需要掌握传统的泡茶方法，更需要从茶性和茶叶成分的角度来理解冲泡方式与茶水的养生功能之间的关系，这样才能更好地指导每日健康饮茶。

　　冲泡中国茶并不简单。要想冲泡一杯好茶，需要把茶叶的色、香、味激发出来，而要想享受到茶叶的健康，还需要把茶叶的健康功能成分也充分释放出来。如果完全不顾及泡茶技巧而太过随意，很可能会泡出来一杯苦涩怪异的茶而影响一天的心情。因此我们需要掌握基本的泡茶要领，以取得最佳的身心享受。

　　生活本不应太过复杂，饮茶也不必总是雅致。其实日常饮茶完全可以是简约的，甚至可以拥有"一壶走天下"的豪迈。下面为读者提供一套使用办公行政壶套组的健康冲泡十六式操作指南。这套操作方法是在传统的

一壶走天下

泡茶理论基础上，结合健康饮茶的要求，更考虑到日常工作与生活的便利而总结出来的泡茶技巧，是非常适合办公室饮茶和居家休闲品饮的秘籍。十六式的前 15 种是冲泡不同类别茶叶的基本套路，最后一种是煮茶的技巧。其中不含花茶，因花茶的冲泡只需按照其茶坯的种类选择适合的方式即可。

准备合适温度的泡茶用水，也是日常的难题之一。一般而言，如果不是在高原地区，我们可以假设沸腾的开水是 100℃，但是到底水开之后多久才能达到理想的 85℃ 呢？这取决于很多因素，比如室内温度，烧水壶的保温性能，水量的多少等。如果打开壶盖，那壶盖的大小以及空调的冷风等对水温的下降都会有影响。现在市场上有专为泡茶准备的带有电子温度显示功能的烧水壶，这无疑为广大茶友提供了极大的方便。但是目前大多数人还是在使用传统的烧水壶，对水温的掌控心中没底。本书作者建议大家为了每日饮茶的品质，至少用自己的器具测试一次，记录烧开水后达到 90℃、85℃ 和 80℃ 大约需要的时间。本书在下文的泡茶十六式及附赠的泡茶卡片中为得到不同的水温其大致静置时间的条件是：使用玻璃材质的烧水壶，在室温 25℃ 下烧开 1.5 升的纯净水，沸腾之后立即打开壶盖。在这样的条件下，静置 5 分钟后，水温会降至约 90℃；静置 10 分钟后，水温大约是 85℃；而静置 15 分钟后，水温降到 80℃ 左右。

在调研过程中笔者发现，市场上茶叶的品质差异很大，原料的选择、加工工艺的精准都对最终冲泡出来的茶水有很大的影响。为便于读者快速掌握泡茶技巧，轻松享受好茶带来的愉悦和健康，冲泡指南一般选择市场上商品类型齐全同时品质稳定的小罐茶金罐为基准为大家提供冲泡参考。金花黑茶、六堡茶等茶品类选择中茶公司的标准产品为基准。这些参考茶叶的品质都很好，无论是口味醇厚度还是耐泡性方面都比较高。在日常饮茶实践中，需结合自己购买的茶叶品质而酌情考虑调整。

▌第一式：绿茶之细嫩芽尖

如明前龙井、黄山毛峰等

一、备水

纯净水煮沸；然后打开壶盖，室温下静置 10~15 分钟，使水温降至 80~85℃

二、投茶

向壶中投入 4 克细嫩绿茶

三、冲泡

向壶中注满 80~85℃热水，静置泡茶：

3 分钟 茶味较淡； 5 分钟 清香平和

8 分钟 茶味较浓；10 分钟 浓郁微苦

四、倒茶

茶水倒入公道杯或 4 个茶杯中，分享品饮

五、再次冲泡

再次注满 85℃热水，静置泡茶：

第二次泡茶至少等待 5 分钟；

泡茶超过 10 分钟之后，茶味变化不大；

第三泡起，可以使用 100℃热水

六、倒茶

及时分享、及时品饮

注：最多冲泡 3 次为宜。3 次累计冲泡时间应该至少达到 20 分钟。

▌第二式：绿茶之成熟大叶

一、备水

　　纯净水煮沸；然后打开壶盖，室温下静置 10 分钟，使水温降至 85~90℃

二、投茶

　　向壶中投入 4 克成熟大叶绿茶

三、冲泡

　　向壶中注满 85~90 ℃热水，静置泡茶：

　　3 分钟　茶味较淡；　5 分钟　清香平和

　　8 分钟　茶味较浓；10 分钟　浓郁微苦

四、倒茶

　　茶水倒入公道杯或 4 个茶杯中，分享品饮

五、再次冲泡

　　再次注满 90℃热水，静置泡茶：

　　第二次泡茶至少等待 5 分钟；

　　泡茶超过 10 分钟之后，茶味变化不大；

　　第三泡起，可以使用 100 ℃热水

六、倒茶

　　及时分享、及时品饮

注：最多冲泡 3 次为宜。3 次累计冲泡时间应该至少达到 20 分钟。

▌第三式：黄茶之细嫩芽尖

如霍山黄芽、君山银针等

一、备水

纯净水煮沸；然后打开壶盖，室温下静置 10 分钟，使水温降至 85~90℃

二、投茶

向壶中投入 4 克细嫩黄茶

三、冲泡

向壶中注满 85~90℃热水，静置泡茶：

3 分钟　茶味较淡；　5 分钟　茶味丰满

8 分钟　茶味较浓；　10 分钟　浓郁微苦

四、倒茶

茶水倒入公道杯或 4 个茶杯中，分享品饮

五、再次冲泡

再次注满 85~90℃热水，静置泡茶：

第二次泡茶至少等待 5 分钟；

泡茶超过 10 分钟之后，茶味变化不大；

第三泡起，可以使用 100℃热水

六、倒茶

及时分享、及时品饮

注：最多冲泡 3 次为宜。3 次累计冲泡时间应该至少达到 20 分钟。

第四式：黄茶之成熟大叶

如黄大茶等

一、备水

纯净水煮沸

二、投茶

向壶中投入 4 克大叶黄茶

三、冲泡

向壶中注满 100 ℃热水，静置泡茶：

3 分钟　茶味香郁平和；4 分钟　茶味浓郁

5 分钟　茶味丰厚微苦

四、倒茶

茶水倒入公道杯或 4 个茶杯中，分享品饮

五、再次冲泡

再次注满 100 ℃热水，静置泡茶：

第二次泡茶至少等待 3 分钟或 5 分钟；

泡茶超过 10 分钟之后，茶味变化不大

六、倒茶

及时分享、及时品饮

注：最多冲泡 3 次为宜。3 次累计冲泡时间应该至少达到 20 分钟。

第五式：白茶之细嫩毫尖

如白毫银针等

一、备水
纯净水煮沸；然后打开壶盖，室温下静置 10~15 分钟，使水温降至 80~85℃

二、投茶
向壶中投入 4 克细嫩白茶

三、冲泡
向壶中注满 80~85 ℃热水，静置泡茶：

3 分钟 茶味很淡； 5 分钟 清香平和

8 分钟 茶味较浓； 10 分钟 浓郁微苦

四、倒茶
茶水倒入公道杯或 4 个茶杯中，分享品饮

五、再次冲泡
再次注满 80~85 ℃热水，静置泡茶：

第二次泡茶至少等待 5 分钟；

泡茶超过 10 分钟之后，茶味变化不大；

第三泡起，可以使用 100 ℃热水

六、倒茶
及时分享、及时品饮

注：最多冲泡 4 次为宜。4 次累计冲泡时间应该至少达到 40 分钟。

▌第六式：白茶之成熟大叶

如白牡丹、寿眉等

一、备水

　纯净水煮沸；然后打开壶盖，室温下静置几分钟，使水温降至 90~95℃

二、投茶

向壶中投入 4 克成熟大叶白茶

三、冲泡

　向壶中注满 90~95 ℃热水，静置泡茶：

5 分钟　茶味浓郁丰厚

四、倒茶

茶水倒入公道杯或 4 个茶杯中，分享品饮

五、再次冲泡

　再次注满 95~100 ℃热水，静置泡茶：

第二次泡茶至少等待 5 分钟；

泡茶超过 10 分钟之后，茶味变化不大；

第三泡起，可以使用 100 ℃热水

六、倒茶

及时分享、及时品饮

注：最多冲泡 4 次为宜。4 次累计冲泡时间应该至少达到 40 分钟。

█ 第七式：老白茶

一、备水
纯净水煮沸

二、投茶
向壶中投入 4 克老白茶

三、冲泡
向壶中注满 100 ℃热水，静置泡茶：

3 分钟 茶味较淡；5 分钟 茶味平和

8 分钟 茶味浓郁；10 分钟 浓郁微苦

四、倒茶
茶水倒入公道杯或 4 个茶杯中，分享品饮

五、再次冲泡
再次注满 100 ℃热水，静置泡茶：

第二次泡茶至少需 5 分钟；

泡茶超过 10 分钟之后，茶味变化不大

六、倒茶
及时分享、及时品饮

注：最多冲泡 5 次为宜。5 次累计冲泡时间应该至少达到 40 分钟。

▌第八式：乌龙茶之清香型

如清香铁观音

一、备水

纯净水煮沸；然后打开壶盖，室温下静置 5 分钟，使水温降至 90℃

二、投茶

向壶中投入 4 克清香乌龙茶

三、冲泡

向壶中注满 90 ℃热水，静置泡茶：

1 分钟 茶味较淡； 3 分钟 清香平和

4 分钟 茶味浓郁； 5 分钟 浓郁微苦

四、倒茶

茶水倒入公道杯或 4 个茶杯中，分享品饮

五、再次冲泡

再次注满 90 ℃热水，静置泡茶：

第二次泡茶至少需 3~5 分钟；

第三次泡茶至少需 5 分钟；

第三泡起，可以使用 100 ℃热水

六、倒茶

及时分享、及时品饮

注：最多冲泡 4 次为宜。4 次累计冲泡时间以不超过 20 分钟为宜。

第九式：乌龙茶之浓香型

如武夷岩茶、大红袍、老枞水仙等

一、备水

纯净水煮沸

二、投茶

向壶中投入 4 克浓香乌龙茶

三、冲泡

向壶中注满 100 ℃热水，静置泡茶：

2 分钟　茶味香郁丰厚

四、倒茶

茶水倒入公道杯或 4 个茶杯中，分享品饮

五、再次冲泡

再次注满 100 ℃热水，静置泡茶：

第二次泡茶需 3 分钟，不可超过 5 分钟；

第三泡可适当延长时间至 5~8 分钟

六、倒茶

及时分享、及时品饮

注：最多冲泡 3 次为宜。3 次累计冲泡时间应该至少达到 10 分钟。

▌第十式：红茶

一、备水
纯净水煮沸

二、投茶
向壶中投入 4 克红茶

三、冲泡
向壶中注满 100 ℃热水，静置泡茶：

1 分钟 茶味清淡；　2 分钟 清淡平和

3 分钟 馥郁芬芳；　5 分钟 浓郁不苦

四、倒茶
茶水倒入公道杯或 4 个茶杯中，分享品饮

五、再次冲泡
再次注满 100 ℃热水，静置泡茶：

第二次泡茶至少需 5 分钟；

泡茶超过 10 分钟之后，茶味变化不大

六、倒茶
及时分享、及时品饮

注：最多冲泡 3 次为宜。3 次累计冲泡时间应该至少达到 20 分钟。

▌第十一式：普洱生茶

一、备水
纯净水煮沸

二、投茶
向壶中投入 4 克普洱生茶

三、冲泡
向壶中注满 100 ℃热水，静置泡茶：

3 分钟　茶味清淡；　5 分钟　茶味平和

8 分钟　茶味浓郁；10 分钟　浓郁微苦

四、倒茶
茶水倒入公道杯或 4 个茶杯中，分享品饮

五、再次冲泡
再次注满 100 ℃热水，静置泡茶：

第二次泡茶至少需 5 分钟；

泡茶超过 10 分钟之后，茶味变化不大

六、倒茶
及时分享、及时品饮

注：最多冲泡 5 次为宜。5 次累计冲泡时间应该至少达到 40 分钟。

第十二式：普洱熟茶

一、备水
纯净水煮沸

二、投茶
向壶中投入 4 克普洱熟茶

三、冲泡
向壶中注满 100 ℃热水，静置泡茶：

3 分钟　茶味较淡；　5 分钟　茶味平和

8 分钟　茶味浓郁；　10 分钟　浓郁微苦

四、倒茶
茶水倒入公道杯或 4 个茶杯中，分享品饮

五、再次冲泡
再次注满 100 ℃热水，静置泡茶：

第二次泡茶至少需 5 分钟；

泡茶超过 10 分钟之后，茶味变化不大

六、倒茶
及时分享、及时品饮

注：最多冲泡 5 次为宜。5 次累计冲泡时间应该至少达到 40 分钟。

第十三式：金花黑茶

一、备水

纯净水煮沸

二、投茶

向壶中投入 4 克金花黑茶

三、冲泡

向壶中注满 100 ℃热水，静置泡茶：

3 分钟 茶味较淡； 5 分钟 馥郁平和

第一次泡茶时间不宜超过 7 分钟

四、倒茶

茶水倒入公道杯或 4 个茶杯中，分享品饮

五、再次冲泡

再次注满 100 ℃热水，静置泡茶：

第二次泡茶至少需 5 分钟；

泡茶超过 10 分钟之后，茶味变化不大

六、倒茶

及时分享、及时品饮

注：最多冲泡 4 次为宜。4 次累计冲泡时间应该至少达到 40 分钟。

▊第十四式：六堡茶

一、备水
纯净水煮沸

二、投茶
向壶中投入 4 克六堡茶

三、冲泡
向壶中注满 100 ℃热水，静置泡茶：

5 分钟　茶味浓郁丰厚

四、倒茶
茶水倒入公道杯或 4 个茶杯中，分享品饮

五、再次冲泡
再次注满 100 ℃热水，静置泡茶：

第二次泡茶至少需 5 分钟；

泡茶超过 10 分钟之后，茶味变化不大

六、倒茶
及时分享、及时品饮

注：最多冲泡 4 次为宜。4 次累计冲泡时间应该至少达到 40 分钟。

▌第十五式：老普洱

一、备水

纯净水煮沸

二、投茶

向壶中投入 4 克老普洱茶

三、冲泡

向壶中注满 100 ℃热水，静置泡茶：

3 分钟　茶味较淡；　5 分钟　茶味平和

8 分钟　茶味浓郁；10 分钟　浓郁微苦

四、倒茶

茶水倒入公道杯或 4 个茶杯中，分享品饮

五、再次冲泡

再次注满 100 ℃热水，静置泡茶：

第二次泡茶需 5 分钟；

泡茶超过 10 分钟之后，茶味变化不大

六、倒茶

及时分享、及时品饮

注：最多冲泡 5 次为宜。5 次累计冲泡时间应该至少达到 40 分钟。

█ 第十六式：煮茶

如老白茶、老普洱、普洱茶、黑茶、六堡茶等

一、备水

煮茶壶注入一半纯净水，煮沸。

避免沸水冒出茶壶

二、投茶

向壶中投入 4 克茶叶

三、煮茶

小火继续煮沸 2 分钟，茶味馥郁丰厚。

避免茶水冒出

四、倒茶

茶水倒入公道杯

五、分享

茶水倒入茶杯中分享

六、再次煮茶

再次将壶中注入一半纯净水，

以小火慢慢煮茶至沸，煮 5 分钟。

避免茶水冒出

注：最多冲泡 3 次为宜。3 次累计煮茶时间至少达到 15 分钟为宜。

后记

饮茶，对维持身体健康大有益处。即便如此，我们也很难想象如下情景：泡一杯茶，坐下来，然后告诉自己，这杯茶，我为预防老年痴呆而饮；或者我们为尊贵的客人献上一杯茶，然后告诉他，这杯茶，为您预防心脏病的复发而备。如果真是这样，那将是一个多么别开生面的欢乐场景呢？

这当然只是一个玩笑，没有人会当真。我们都知道，营养健康行业与医药行业的主要差别在于：前者是针对长期预防疾病的累积效果，后者是针对得病之后迅速见效。即便是起效最慢的精神科用药也会在1个月之后展现效果，但是身体的健康状况却更多地依赖于伴随终生的生活方式。就像我在《上班族每日健康＋》一书中提到，"影响我们健康的不是哪一个食物，也不是哪一种运动，而是每天、每月、每年积累的健康生活方式；它体现在我们一天的24小时之中。"饮茶，是一种良好生活方式，而健康是良好生活方式的结果。从某种意义上说，我们可以认为保持健康是一种根植于内心的修养，而饮茶是一种修行。长期饮茶不仅对健康有很多好处，而且这种习惯还会带来很多其他的益处，比如等待泡茶时的耐性、对好茶的期待和感恩、独饮时的心安与自省，以及与朋友共饮时的同享之乐。如果从年轻的时候我们开始培养自己饮茶的习惯，相信这种习惯会让人受益终身。

本书的前面多次提到，我们对茶叶的理解仍然流于肤浅。可能也正是因为对茶的理解仍然不够透彻，现在的茶行业很容易在某单一领域走极端，比如求其一点不及其余，提取高纯度的EGCG来代替整个茶叶的健康价值，或者将茶叶神秘化进而大为炒作，比如2018年老班章茶王再次创下68万元一公斤的采购天价。而另一方面，目前茶行业的主体却是农产品初加工水平，市场化程度较低，缺乏品牌、缺乏标准，茶叶市场在消费者心目中还没有建立起统一的价值标准。总而言之，茶叶真正的内涵还远没有被表达出来。

中国茶博大精深，而茶行业的发展，依靠整个产业链的系统性升级，更需要有行业的精英带领大家突破现有的局限。近年来，一些跨界精英闯入茶叶行业，为古老的茶行业注入了生机与活力。如中国茶叶商学院的欧阳道坤老师、撰写《中国茶密码》的罗军老师，喜茶的90后创始人聂云宸等都从不同的角度重新诠释了古老的中国茶。当然，还有人称营销大师的小罐茶创始人杜国楹。在短短几年之内，小罐茶公司就像一匹黑马异军突起，作为一个全品类现代派中国茶业公司，以做好中国茶为己任，为传统的中国茶叶行业注入了现代化、标准化的市场理念。小罐茶以好原料为标准，以良好加工规范为标准，以8位大师为标准，以充注氮气的保鲜罐为标准，以全国的统一售价为标准，针对普通消费者不好掌握冲泡技术这一点，还专门提供了便捷的标准化茶具，创新并引领了传统中国茶的消费体验，同时也为整个茶行业树立了标准。

由于工作的关系，认真地研究茶叶已经有好几年的时间。对茶懂得越多，我反而觉得有更多的不懂之处，心中常怀敬畏，同时也时常企盼未来有更多企业能够从科学的角度，将健康中国茶描绘得更为清晰，让所有人能够享受到健康中国茶所蕴含的功能和价值。

王春玲

特别鸣谢

特别鸣谢中国茶叶股份有限公司曾经为我提供一个了解中国茶、研究中国茶的机会。只有在中茶公司这样一个全世界仅有的、涉猎全品类中国茶的平台上，我才有机会全面了解传统中国茶的方方面面。感谢中茶公司前董事长兼总经理王震坚定不移地为提升中茶公司的科技能力而支持研发工作。正是这种天时地利人和，我才有机会理解传统茶叶的种植采摘与生产加工，进而运用生物学和医学技能深入地研究其功能成分与健康功能。而有了这些积累，这本书才成为可能。

感谢我的研发与市场团队，在短短5年时间里所完成的超大量研发创新工作，都是缘于你们的智慧和努力！感谢所有在生产和销售环节努力工作的中茶同事们。正如我经常所说，我们能够在北京东二环的甲A级写字楼里安心工作，都是因为有这些同事无论是在40度的酷暑还是在湿寒的严冬都坚持战斗在生产一线、奔波在销售一线，为这个企业的全体员工创造经济收入，也为整个社会制造和输送有价值的产品。

特别鸣谢中粮集团在2011年成立中粮营养健康研究院，并创造了超一流国际水准的研发条件，让我们有机会将国内外的所学所悟在这里加以运用和实践，也让我们这些研发人员学到了更多的知识、积累了更全面的经验，也总结了一些教训。感谢中粮营养健康研究院的全体同仁，感谢大家对我的包容、理解和支持。中粮集团组建营养健康研究院是一个基础产业向科技提升迈出的第一步，虽然过程艰难，但是意义深远。

感谢中国农业科学院茶叶研究所和中华全国供销合作总社杭州茶叶研究院对此书的支持和指导，感谢北京小罐茶有限公司、武夷山香江茶业有限公司、杭州龙冠实业有限公司、武夷星茶业公司、八马茶业、抱儿钟秀和君山银针等众多中国茶叶公司的支持。感谢植提桥公司对本书出版的支持。

谨以此书献给所有种茶、制茶、卖茶、爱茶之人。

参考文献

1. 柴奇彤，孙婧 . 科学饮茶 . 中国食品，2009(22):48-49.
2. 陈宗懋，甄永苏 . 茶叶的保健功能 . 北京：科学出版社，2014.
3. 陈宗懋，杨亚军 . 中国茶经 . 上海：上海文化出版社，2011.
4. 陈宗懋，俞永明，梁国彪，周智修，著 . 南京：品茶图鉴，2012.
5. 陈然，郝彬秀，田海霞，李颂，马跃，王春玲 . 六堡茶真菌分布浅析及金花菌筛选鉴定 . 食品科技，2016（4）:19-23.
6. 陈然，孟庆佳，刘海新，李颂，王春玲 . 不同种类茶叶游离氨基酸组分差异分析 . 食品科技，2017（6）:258-263.
7. 迟玉杰 . 保健食品学 . 北京：中国轻工业出版社，2016.
8. 冯亮，徐辰，等 . 茶多酚对 D- 半乳糖诱导糖基化大鼠脑损害的干预作用 . 中国老年学杂志，2008，28(13):1251-1254.
9. 郝彬秀，李颂，田海霞，马跃，刘海新，王春玲 . 普洱熟茶的发酵微生物研究进展 . 食品研究与开发，2018(8).
10. 李宁，陈君石，等 . 茶对口腔癌前病变的干预试验研究 . 卫生研究，2002(6):428-430.
11. 厉蓝娜，王翠莲，朱惠芳，等 . 茶色素干预原发性痛风性高尿酸血症的临床观察 . 现代中西医结合杂志，2007，16(2):154-155.
12. 良石，杨焕瑞 . 中医话茶疗 . 哈尔滨：黑龙江科学技术出版社，2008.
13. 刘婷，李颂，张赓，刘洋，彭超，熊强，王春玲 . 冠突散囊菌和茯砖茶的健康功效 . 食品研究与开发，2016，37(5):208-212.
14. 刘洋，李颂，王春玲 . 茶氨酸健康功效研究进展 . 食品研究与开发，2016，37(17):211-214.
15. 马跃，郝彬秀，田海霞，李颂，王春玲 . 冠突散囊菌菌落计数方法的优化 . 食品与发酵科技，2017(6):22-25.
16. 邵宛芳 . 普洱茶保健功效科学读本 . 昆明：云南科技出版社，2014.
17. 宛小春 . 茶叶生物化学 . 北京：中国农业出版社，2008.
18. 宛晓春 . 茶叶生物化学 . 第三版 . 北京：中国农业出版社，2014.
19. 王春玲 . 上班族每日健康 + . 北京：化学工业出版社，2014.
20. 杨晓萍 . 茶叶营养与功能 . 北京：中国轻工业出版社，2017.
21. 衣喆，刘婷，陈然，郝彬秀，孟庆佳，李颂，董志忠，王春玲 . 金花黑茶对 BALB/c 小鼠通便和调节肠道菌群的作用 . 食品科技，2016(6):61-66.
22. 余文俊，杨同广，刁伟霞，等 . 广东省佛山市居民高尿酸血症及痛风的流行病学调查 . 中华流行病学杂志，2010，31(8):860-862.
23. Afaq F,Adhami V M,Ahmad N and Mukhtar H. Inhibition of ultraviolet B-mediated activation of nuclear factor kappaB in normal human epidermal keratinocytes by green tea Constituent (-)-epigallocatechin-3-gallate. Oncogene,2003(7): 1035-1044.
24. Aucamp J, Gaspar A, Hara Y and Apostolides Z. Inhibition of xanthine oxidase by catechins from tea (Camellia sinensis). Anticancer research,1997, 17(6D):4381-4385.
25. Bushman J L. Green tea and cancer in humans: a review of the literature. Nutr Cancer,1998, 31:151-159.
26. Cai E P and Lin J K. Epigallocatechin gallate (EGCG) and rutin suppress the glucotoxicity through activating IRS2 and AMPK signaling in rat pancreatic beta cells. Journal of agricultural and food chemistry,2009, 57(20):9817-9827.
27. Cao H, et al. Green tea polyphenol extract regulates the expression of genes involved in glucose uptake and insulin signaling in rats fed a high fructose diet. Journal of agricultural and food chemistry,2007,55(15):6372-6378.
28. Fu D H, Ryan E P, Huang J A, et al. Fermented Camellia sinensis, Fu Zhuan Tea, regulates hyperlipidemia and ranscription factors involved in lipid catabolism. Food Res Int,2011,44:2999–3005.
29. Greyling A, et al. The effect of black tea on blood pressure: a systematic review with meta-analysis of randomized controlled trials. PloS one,2014,9(7):e103247.
30. He R R, et al. Beneficial effects of oolong tea consumption on diet-induced overweight and obese subjects. Chinese journal of integrative medicine,2009,15(1):34-41.
31. Hodgson J M, et al. Effects of black tea on blood pressure: a randomized controlled trial. Archives of internal medicine,2012,172(2):186-188.
32. Huxley R, et al. Coffee, decaffeinated coffee, and tea consumption in relation to incident type 2 diabetes mellitus: a systematic review with meta-analysis. Archives of internal medicine,2009,169(22):2053-2063.
33. Imai K, et al. Cancer preventative effects of drinking green tea among a Japanese population. Prev Med,1997,26,769-775.
34. Inoue K, et al. Blood-pressure-lowering effect of a novel fermented milk containing gamma-aminobutyric acid (GABA) in mild hypertensives. European journal

of clinical nutrition,2003,57(3):490-495.

35. Iso H, Date C, Wakai K, Fukui M and Tamakoshi A. The relationship between green tea and total caffeine intake and risk for self-reported type 2 diabetes among Japanese adults. Annals of internal medicine,2006, 144(8):554-562.

36. James N. Pratt. The Ultimate Tea Lover's Treasury. 3rd edition. Devan Shah and Ravi Sutodia for Tea Society. 2011.

37. Jian L, Xie L P, Lee A H and Binns C W.Protective effect of green tea against prostate cancer: a case-control study in southeast China. International journal of cancer,2004,108(1):130-135.

38. Katiyar S K, Afaq F, Perez A,Mukhtar H. Green tea polyphenol (-)-epigallocatechin-3-gallate treatment of human skin inhibits ultraviolet radiation-induced oxidative stress. Carcinogenesis,2001,22:287–294.

39. Katiyar S K, Afaq F, Azizuddin K and Mukhtar H. Inhibition of UVB-induced oxidative stress-mediated phosphorylation of mitogen-activated protein kinase signalling pathways in cultured human epidermal keratinocytes by green tea polyphenol (-)-epigallocatechin-3-gallate. Toxicol Appl Pharmacol,2001,176:110–117.

40. Kono S, et al. A case-control study of gastric cancer and diet in Northern Kyushu, Japan. Jpn J Cancer Res,1988, 79:1067-1074.

41. Kuriyama S, et al. Green tea consumption and cognitive function: a cross-sectional study from the Tsurugaya Project 1. The American journal of clinical nutrition,2006,83(2):355-361.

42. Lakota K,Mrak-Polisak K, Rozman B, et al. Increased responsiveness of human coronary artery endothelial cells in inflammation and coagulation. Mediators Inflamm, 2009, 2001:146872.

43. Lee H H, et al. Epidemiological characteristics and multiple risk factors of stomach cancer in Taiwan. Anticancer Res,1990,10:875-881.

44. Li GX, et al. Pro-oxidative activities and dose-response relationship of (-)-epigallocatechin-3-gallate in the inhibition of lung cancer cell growth: a comparative study in vivo and in vitro. Carcinogenesis,2010,31(5):902-910.

45. Lorenz M, Urban J, Engelhardt U, et al. Green and black tea areequally potent stimuli of NO production and vasodilation: new insights involved. Basic research in cardiology, 2009, 104 (1): 100-110.

46. Mantena S K, Meeran S M, Elmets CA and Katiyar S K. Orally administered green tea polyphenols prevent ultraviolet radiation-induced skin cancer in mice through activation of cytotoxic T cells and inhibition of angiogenesis in tumors. J Nutr,2005,135: 2871–2877.

47. Nagao T, et al. A catechin-rich beverage improves obesity and blood glucose control in patients with type 2 diabetes. Obesity (Silver Spring),2009,17(2):310-317.

48. Nagao T, Hase T, & Tokimitsu I. A green tea extract high in catechins reduces body fat and cardiovascular risks in humans. Obesity (Silver Spring).2007,15(6):1473-1483.

49. Nick Morley,Tim Clifford, Leo Salter, Sandra Campbell, David Gould and Alison Curnow. The green tea polyphenol (-) - epigallocatechin gallate and green tea can protect human cellular DNA from ultraviolet and visible radiation - induced damage Photodermatology, Photoimmunology & Photomedicine,2004,21 (1): 15-22.

50. Qin B, Polansky M M, Harry D and Anderson R A. Green tea polyphenols improve cardiac muscle mRNA and protein levels of signal pathways related to insulin and lipid metabolism and inflammation in insulin-resistant rats. Molecular nutrition & food research,2010,54 Suppl 1:S14-23.

51. Song Y, Manson J E, Buring J E, Sesso H D and Liu S. Associations of dietary flavonoids with risk of type 2 diabetes, and markers of insulin resistance and systemic inflammation in women: a prospective study and cross-sectional analysis. Journal of the American College of Nutrition,2005,24(5):376-384.

52. Stensvold I, Tverdal A, Solvoll K and Foss O P . Tea consumption. relationship to cholesterol, blood pressure, and coronary and total mortality. Preventive medicine,1992,21(4):546-553.

53. Xu P, Chen H, Wang Y, Hochstetter D and Zhou T. Oral administration of puerh tea polysaccharides lowers blood glucose levels and enhances antioxidant status in alloxan-induced diabetic mice. Journal of food science,2012,77(11):H246-252.

54. Yang G, et al. Prospective cohort study of green tea consumption and colorectal cancer risk in women. Cancer epidemiology, biomarkers & prevention : a publication of the American Association for Cancer Research, cosponsored by the American Society of Preventive Oncology,2007,16(6):1219-1223.

55. Yokogoshi H, Mochizuki M and Saitoh K. Theanine-induced reduction of brain serotonin concentration in rats. Bioscience, biotechnology, and biochemistry,1998,62(4):816-817.

56. Zheng Y, et al. Inhibitory effect of epigallocatechin 3-O-gallate on vascular smooth muscle cell hypertrophy induced by angiotensin II. Journal of cardiovascular pharmacology,2004,43(2):200-208.

57. Zhong L, et al. A population-based case-control study of lung cancer and green tea consumption among women living in Shanghai, China. Epidemiology,2001,12(6):695-700.

58. Zhou X, et al. Effects of soluble tea polysaccharides on hyperglycemia in alloxan-diabetic mice. Journal of agricultural and food chemistry,2007,55(14):5523-5528.